# 中国近代道德革命

周炽成 著

人民出版社

2013年2月，本书作者在海南三亚

1986年6月，本书作者在中山大学硕士生毕业时与哲学系导师及同学合影

前排左起：袁伟时、丁宝兰、陈玉森、李锦全

后排左起：王文亮、刘百平、李红雷、周炽成

## 一 传统道德鸟瞰

中国近代道德革命是对中国传统道德的否定。在考察这场革命之前，让我们先看看传统道德的基本内容和其重要特征。

从最广泛的意义上说，中国传统道德是指进入近代以前的一切中国道德。它具有非常丰富多彩的内容。其中，由孔子奠基的儒家道德占有最重要的地位，构成了传统道德的核心。近代道德革命所要冲破的，主要就是儒家道德。我们今天通常所讲的封建道德，主要也是指儒家道德。

儒家是春秋战国时期"百家争鸣"中的一个学派。道学儒家道德观就是从那时开始形成的。西汉时，汉武帝采纳董仲舒"罢黜百家，独尊儒术"的主张，定儒家于一尊，把其余一切学派视为异端。从此，儒学成为国教，起着精神支柱的作用。儒家道德因而得到充分的倡导，对民众发生越来越大的影响。在魏晋南北朝和隋唐时期，道家和佛家的兴盛，对儒学的玷论

4

《中国近代道德革命》手稿（一）

## 4. 理论和实践的矛盾

从上面谈到的已经看到，近代道德革命的理论导致了相应的行动。在这种情况下，理论和实践是一致的。同时，相反的情形——理论和实践的矛盾，也值得我们的注意。

在道德革命中，理论和实践的矛盾有两种表现。

首先，私德上言行直接冲突。有些人实际上做的与理论上提倡的不相符。吴虞就是典型的例子。他理论上主张妇女解放、男女平等，把一夫多妻制和蓄妾制作为"大病"①。但是，在行动上，他又以多妻妾和玩弄女性著名。吴虞先后有妻妾五人，同时沉迷妓院，写下了大量的"艳诗"。他一生为世所不容，苦厄伴随着他上的激进外，这种放荡行为恐怕也是很重要的。他曾屡次遭革命后者向他发难，新文

_____
① 见《说妾》，载《清·邓城编《吴虞集》第176页

125

# 序：用有根据的材料还原真实的历史

李锦全

（中山大学哲学系教授）

《中国近代道德革命》是华南师范大学周炽成教授早期的著作。1986 年，他硕士毕业于中山大学哲学系。他的硕士学位论文是《中国近代道德革命研究》。这本书稿是在其硕士学位论文的基础上修改扩充而成。经过两年多的时间，于 1988 年 12 月 11 日定稿于广州。

这部书稿何以约我写序？可能是在后记中有段话：我要感谢中山大学哲学系吴熙钊、袁伟时、丁宝兰、李锦全、陈玉森诸先生的悉心指导。其实当时这些老师都会给硕士生们上点课，但真正指导这篇论文的是吴熙钊教授。但吴教授及各位老师多已去世，我也是95 岁的高龄老人，思维能力已大大下降，写理论著作的书序是有点为难了。

由于这本书对传统道德的批判主要不是靠论理，而是摆事实、说道理，以情感动人，读者会很感兴趣，可以说这是一部比较接地气的著作。看过书稿后，我觉得"女子解放的艰难实践"一节，举的事例很动人。下面举出一些女子争取婚姻自由，演出的令我们感动不已的悲剧和喜剧。

1919年，长沙赵五贞女士演的是悲剧。她父亲包办婚姻，她无力反抗。出嫁那天，在轿中用剃刀自刎，重伤送到医院，不治身亡。这种"血染长沙的惨事对湖南各界震动很大"，毛泽东撰文指出："这件事背后，是婚姻制度的腐败，社会制度的黑暗，思想不能独立，恋爱不能自由。"正是社会、母家、夫家这三面铁网的紧围，才导致赵女士自杀的。

至于演喜剧的是郭隆真，她也是被迫上了轿，但到男家后却以另一种方式回敬，她下轿后"向新郎和客人们发表演讲，揭露封建婚姻葬送青年幸福的罪恶，宣传自由婚姻的好处，然后理直气壮地离开男家，坐船到天津上学去了"。这些悲喜剧，确实使人悲喜交集，比那些理论文章更感人。

作者说还有很多有趣的抗婚喜剧，虽然旧的势力还很大，但在"五四"新文化运动以后，越来越多接受新教育的女性陆续摆脱包办婚姻，走上恋爱自由、婚姻自由的道路。

如果说女士当时多是受到父母、丈夫即父权和夫权的压制，那么男士则多受制于君权和父权。书中提出，背叛它们的会产生"叛臣"和"逆子"。反对君权当"叛臣"，随时有杀身之祸；背离父权为"逆子"，同样也会遇到很多风险。吴虞从日本留学回来，因不满父亲专制，与其对抗，写了一篇《家庭苦趣》，为旧势力所不容，结果被逐出教育界，清政府还要下令逮捕他。他深切地体会到孔孟之道和家族制度的害处，在新文化运动中被称为"只手打倒孔家店的老英雄"。

但令人意想不到的是，这个旧道德革命的英雄是个"两面派"。书稿中揭露他理论上主张妇女解放、男女平等，把一夫多妻制和蓄妾制称为"大病"。但在行动上又以多妻妾和玩弄女性著名。他先后有妻妾五人，同时沉迷妓院，这种"两面派"人生终于为世所不容。

在这场近代道德革命中也有一些旧文人参加，中国旧文人有三大习惯——吟诗、喝酒、狎妓，这些坏习惯使得他们言行相悖，嘴里说着道德革命、男女平等，行动上却是纳妾狎妓、私德太坏，对道德革命会起到消极作用。

不过，看深一层，这些旧文人在家族乡党中是有地位和影响力的，对道德革命言论上的支持，对顽固旧势力仍会起到抵制和消解作用。

总之，参加清末民初那场道德革命的人和事都是比较复杂的，在新旧社会交替的情况下，出现一批"两面派"的文人和学者也是不奇怪的。用有根据的材料还原这段真实的历史，正是这部书稿的价值所在。这本书通俗易懂，适合中学生和有中等文化水平的群众，这部让人"很感兴趣"的书稿，还是值得大家阅读的。书里讲的虽是百年前的旧事，但前事不忘，后事之师，历史的经验值得注意。最后我说句老话，祝读者开卷有益。

2021 年 6 月 20 日

# 自 序

周炽成

在中华民族几千年的文明发展史上，有两次外来文化的冲击格外引人注目。第一次是印度文化的冲击，发生在汉唐时代；第二次是西方文化的冲击，自清末始。确切地说，西方文化在明末已开始传入中国。不过，当时影响不是很大，还不构成对中国文化的冲击。西方文化的大输入，是鸦片战争后发生的事。这两次外来文化的冲击，前者缓慢，后者急速；前者无刀枪相与，后者则伴随着战舰大炮；前者带来民族危机，后者则使中国濒临亡国灭种之困境。

在西方文化的冲击下，中华民族的心灵发生了空前的大裂变。本书的主要目的，就在于考察作为民族心灵内核的中国传统道德，在西方文化的冲击下，如何被先进知识分子批判、否定的历史过程，从中展示中西道德的尖锐对立，暴露中国传统道德的诸多致命弱点。

当一个民族的心灵发生裂变时，这个民族无疑要经受莫大的痛苦。中国近代道德革命，曾重创我们的民族心灵。可以设想，几千年来一直作为天经地义的行为规范体系一旦被冲垮，国民的内心该多么难受！当然，从另一个角度看，近代道德革命又猛烈地冲涤了民族心灵的污垢，使之焕然一新。历史的发展总是要付出代价的。我们牺牲了民族道德的一贯性，却换来了一种全新的更有价值的道德体系。

在中国近代史上，有一种论调经常出现：西方文明是物质文明，中国文明是道德文明（或精神文明）；中国只在经济上落后，而在道德上则远胜西方。时隔近百年，这种看法还为不少人所坚持。对工业、农业、国防、科学技术甚至管理制度等的现代化，人们已谈论得很多了。可是又有多少人意识到现代化应该包括道德的现代化呢？学习西方的科学技术、经营管理经验，这当然没什么人怀疑了。但是，如果谁提出今天还要学习西方的道德，肯定会被很多人视为异端。

在我们全力进行现代化建设时，亚洲"四小龙"（中国香港、中国台湾、新加坡、韩国）的成功引起世人的瞩目。有人认为，这些地区保留了较多的儒家伦理，它们不是现代化的障碍，反而是现代化的动力。因此，实现现代化无须破除儒学伦理，而应该重建、发扬儒家伦理。从这种考虑出发，他们对"五四"以来的"全盘反传统主义"颇有异议，主张儒学的第三次复兴。

在中国今日现代化建设中，是否还需要学习西方道德？是否还需要继承道德革命传统？是否真的需要儒学复兴？弄清楚这些问题当然是很有意义的。本书试图通过对中国近代道德革命的历史回顾略呈管见。

# 目 录·◆

## 传统道德鸟瞰

中国近代道德革命是对中国传统道德的否定，在考察这场革命之前，让我们先看看传统道德的革命内容和重要特征。

从最广泛的意义上说，中国传统道德是指进入近代以前的一切中国道德。它具有非常繁多的内容。其中，由孔子奠基的儒家道德占有最重要的地位，构成了传统道德的核心。近代道德革命所要冲破的，主要就是儒家道德。我们今天通常所讲的封建道德，主要也是指儒家道德。

儒家本为春秋战国时期"百家争鸣"中的一个学派。儒家道德观就是从那时开始形成的。西汉时，汉武帝采纳董仲舒"罢黜百家，独尊儒术"的主张，定儒家于一尊，把其余一切学派视为异端。从此，儒学成为国教，起着准宗教的作用。儒家道德因而得到充分的倡导，对民众产生越来越大的影响。在魏晋南北朝和隋唐时期，道教和佛教的兴盛，对儒家的理论提出了挑战，儒家的地位也受到了一定的撼动。但是，儒家道德仍然为大多数人实践着，它还是占主导地位的道德。正如蔡元培指出的："及汉武帝罢黜百家，独尊儒术，而儒家言始为我国唯一之伦理学。魏晋以还，佛教输入，哲学界颇受其影响，而不足以震撼伦理学。"① 从北宋开始，儒家对道教和佛教发起了全面反攻，同时又暗中吸取它们身上对发展自己有利的东西，由此产生了中国封建社会晚期的精神支柱——理学（或道学）。在理学传承的七八百年中，儒家道德得到了极大的强化。它成了牢牢根植于人们心中的天经地义。

在两千多年的历史发展中，儒家道德是不断变化的。不过，其中最基本的东西，大体上是固定的。它们粗略地可以分为两个方面：维系人与人的正常交往和社会结合的一般道德、为宗教制度和专制主义服务的特有道德。

儒家关于维系人与人正常交往的一般社会道德，集中体现在"仁""恕""信"等德目上。"仁"就是关心、爱护别人。《论语》载："樊迟问仁。子曰：'爱人。'"② 当然，儒家的爱人是有差等的，它并不主张博爱。"仁"的内容非常复杂，"孝悌""恭宽信敏""刚毅木讷"等均属"仁"。"恕"就是把别人摆在与自己同等的位置上，推己及人，不把自己所不喜欢的强加到别人头上，还要帮助别人实现自己所

---

① 蔡元培：《中国伦理学史》，载高平叔编《蔡元培全集》第二卷，中华书局1984年版，第8页。

② 《论语·颜渊》。

喜欢的。孔子说："己所不欲，勿施于人"①，"己欲立而立人，己欲达而达人"②。这些就是指"恕"。"信"是专门用来处理朋友之间的关系的，它要求朋友之间要互相遵守协定，尊重对方，讲究信用。

最能反映儒家道德特色的，不在于前述两个方面，而在于它维护宗法制度和专制统治的方面。后者主要体现在"三纲"之中。"三纲"就是人们所熟悉的"君为臣纲，父为子纲，夫为妻纲"。明确指出"三纲"的，是汉儒董仲舒。但其思想在荀子、孔子那里已存在了。

"君为臣纲"是"三纲"之首。它要求臣民无条件地忠于、服从君主，任由君主支配。在儒家看来，君臣关系是不可能平等的。君尊臣卑，正如天尊地卑一样，是世间永恒的秩序。臣民忠君甚至要达到这样的程度："君要臣死，臣不得不死。"此等忠臣，被认为实现了最大的价值，深受历代儒者赞赏。岳飞之忠军，对今日民众还有感染力。相反，那些违背君主意愿（不管这些意愿合理与否）的不忠之臣则受到责骂。对臣民来说，没有比"不忠"更大的罪过了。

"父为子纲"要求儿子对父亲绝对服从，其具体表现就是孝。儒家有专门论孝的经典——《孝经》。其中有言："夫孝，天之经也，地之义也，民之行也"③，"夫孝，德之本

① 《论语·卫灵公》。
② 《论语·雍也》。
③ 《孝经·三才》。

也，教之所由生也"①。由此可见，孝在儒家道德中的重要地位。关于如何行孝，孔子早就做了很多规定，如"事父母，能竭其力"②；"父母在，不远游"③；父母之后，守孝三年，"三年无改于父之道"④。父母有错，只能轻微委婉地劝止，如还不改正，也不要触犯他们，若父母的过错涉及他人，还要为之"隐"。有人问孔子，当父亲偷了别人的羊时，儿子告发，这种行为算不算"直"？孔子回答说：不！"子为父隐，父为子隐，直在其中矣"⑤。在古代中国，孝已超出一般道德的意义，而成为森严的法律，"五刑之属三千，而罪莫大于不孝"⑥。《唐律》明确规定：骂父母、祖父母最重可判死刑。

"孝"与"忠"是连成一体的。它们都不过是卑者对尊者的无条件顺从。家里的"孝"，移到社会中，即成为"忠"。孝子之门，必出忠臣。"孝"是"忠"的缩小，"忠"是"孝"的扩大。孔子的学生有子早就一语道破了这种关系："其为人也孝弟，而好犯上者，鲜矣。"⑦从忠孝的一致性，可看出专制主义与宗法制度的一致性。

"夫为妻纲"是专为女子制定的。在传统中国，女子的地位要低男子一等。男子与女子的关系，正如君臣、父子关

---

① 《孝经·开宗明义章》。
② 《孔子·学而》。
③ 《论语·里仁》。
④ 《论语·学而》。
⑤ 《论语·子路》。
⑥ 《孝经·五刑》。
⑦ 《论语·学而》。

系一样，是一种尊卑关系。女子不仅要服从丈夫，而且要服从一切男子。《礼记》规定，女子必须三从："在家从父，嫁人从夫，夫死从子。"①历代儒者，还反复表彰女子的"贞洁"。寡妇再嫁，就是最大的失节。理学家程颐认为："饿死事小，失节事大。"②《儒林外史》中有这样一个故事：穷秀才王玉辉的女儿要以死殉夫，他认为这是"青史上留名的事"，大力支持。当听到女儿的死讯时，他竟仰天大笑说："死得好！死得好！"由此可见，儒家道德的反人性是多么严重。守节突出的女子，死后很多建立牌坊。今日还依稀可见的一座又一座"贞洁坊"遗迹，就是儒家道德残戮妇女的见证。

"三纲"实质上是一种奴隶主义的道德。它树立尊者的绝对权威，让卑者无条件服从。卑者毫无独立自主的人格，完全成为尊者的奴仆。君、父、臣是以社会群体代表的面目出现的。因此，以"三纲"为基础的传统道德又表现出重群体而轻个人的倾向。"三纲"集中反映了传统道德的弊病，是戴在中国人民身上的沉重的道德枷锁。后面将述的近代道德革命，就是围绕着砸碎这一枷锁，确立独立自主的人格的主题而展开的。

上述传统道德的两个方面——维系人与人正常交往和社会结合的一般道德与为宗法制度和专制统治服务的特有道德，当然是矛盾的、不相容的。前者以承认人格平等为前

---

① 《大戴礼记·本命》。
② 《二程遗书》卷二十二。

提，要求人们互相尊重；后者恰恰破坏了这一点。在两者的矛盾冲突中，由于后者适应中国传统社会的需要，它一直占据上风。越到传统社会后期，就越是如此。在这种情况下，仁、恕、信等道德规范，是很难真正实行的。如果君、父、夫等尊者对臣、子、妇等卑者真正实行仁、恕、信，那无异于解散以正法制和政治专制为核心的中国传统社会。

中国传统道德还表现出禁欲主义、保守主义等倾向。

禁欲主义是指对人的物质生活和物质享受的禁锢。儒家把道德生活与物质生活对立起来，认为只有道德生活才有意义、有价值，而物质生活则无意义、无价值。重义轻利，为历代儒者所倡导。孔子说，"君子喻于义，小人喻于利"①；孟子说，"何必曰利？亦有仁义而已矣"②；董仲舒说，"正其谊（义）不谋其利，明其道不计其功"③。后来的宋明理学，根据"重义轻利"的原则，又反复布道"存天理，去人欲"的著名戒律。

儒家的道德保守主义表现为迷信孔子，把孔子确立的道德规范绝对化、凝固化，以之作为万世不变的行为准则。在古代中国，他的言论是评价一切的最高标准。道德评价当然也只能根据孔子及其门徒颁布的"圣贤遗训"。符合圣贤遗训者为善，不符者为恶。任何违背圣贤遗训的言行都会受到

---

① 《论语·里仁》。
② 《孟子·梁惠王章句上》。
③ 《汉书·董仲舒传》。

莫大的指责。圣贤遗训代表着一种世代相袭的传统。古代中国人对传统的关注，压倒、湮没了对其自身发展的考虑。卫道的"神圣"使命感，使他们对任何新鲜事物都采取敌视的态度。"死人拖住活人"，这种现象实在是太普遍了。

中国传统道德的产生和长期延续是有深刻的原因的。小农生产是它最深厚的基础。在小农生产条件下，家庭是基本的生产单位，村落是基本的社会单位。由于这种生产方式的限制，人们生活在一个封闭的、缺乏变化的环境里。这便很容易滋生宗法制和家长制，形成道德上重血缘、重传统、重尊长等特性。宗法制和家长制恰恰又是政治专制主义和道德专制主义的基础。在古代中国，小农生产一直是占统治地位的经济形式。因此，传统道德的千年延续具有深刻的必然性。不过，到了近代，当西方工业浪潮以其汹涌的气势猛冲中国东海岸时，这种必然性就被深深地撼动了。

## 传统道德可变吗？

在西方工业文明浪潮中最先到来的竟是野蛮的战舰大炮。古老帝国的大门被西方大炮打开以后，我们不得不面对一个全新的世界。西方有形的工业技术和无形的思想意识，都是我们前所未遇的。

与西方交手的连连失利，使当时的中国人深感其船坚炮利的威力，从而不得不承认西方工业技术的先进性。于是，产生了以学习西方先进的工业技术为主要任务的洋务运动。对西方有形的文明，中国人接受得并不慢，而对它的无形的文明，特别是道德观念，却迟迟不能接受。作为洋务运动的总指导，"中学为体，西学为用"的原创使人坚信：中国的落后只在技术方面，而不在道德方面。因此，只需学习西方的技术，无须学习它的道德。时人总是觉得，中国所长者道，西方所长者器；而道为本，器为末。"我务其本，彼逐其末；我穷事物之理，彼研万物之质。"①器可变，道不可变；

① 郑观应：《盛世危言·道器》。

落后的工艺技术可改换,"先进"的道德传统则万不能丢。中国之所以为中国,全靠世代相传的"纲常名教"。没有了它们,中国就不成其为中国了。不仅当时的洋务派这样看,就是更开明的早期维新派也这样看。如王韬所说:"三纲五伦,生人之初已具","孔子之道,人道也,人类不尽人,其道不变"①。

把上述情形与日本的相比,可以发现两者的根本性差异。作为深受儒家文化影响的东方封建国家,日本和中国在近代都面临向西方学习的问题。但日本很快就走上了全面学习西方的道路,不仅学它的工艺技术,同时也学它的思想意识。明治维新期间,日本虽然有人提出过"东方的道德、西方的艺术""日本的精神、西方的学法"等口号,但是,一实行近代化就会改道,它们是很难行得通的,"这是因为,所谓文明本来是一个整体,并不能单独采用它的科学技术文明"②。当时日本著名的启蒙思想家福泽谕吉认为,西方无形的文明更难学,而且更重要,"不应单纯效仿文明的外形而必须首先具有文明的精神","汲取欧洲文明,必须先其难者而后其易者,首先变革人心,然后改变政令,最后达到有形的物质"③。由于以这些思想为指导,经过短短几十年,日本向西方学习终于成功了。这个一向被我们蔑视的"倭国",

---

① 王韬:《变法上》,载《弢文录外编》。
② [日]吉田茂:《激荡的百年史》,世界知识出版社 1980 年版,第 22 页。
③ [日]福泽谕吉:《文明论概略》,商务印书馆 1982 年版,第 13、14 页。

居然在甲午海战中把堂堂天朝大国打败了！

中国的觉悟确实太迟了。直到败给日本以后，才有人猛醒，意识到"中体西用"之误。他就是在英国留学多年、对西方文明有深入透彻了解的严复。他认识到，西方也有自己的"体"和"用"：自由为体，民主为用；汽机兵械等只不过是西方"形下之粗迹"，西方最重要的是自由、平等、民主等观念与制度。严复把西方的道德风俗与中国的相比较："中国最重三纲，而西人首明平等；中国亲亲，而西方尚贤；中国以孝论天下，而西人以公治天下。"① 与西方道德一比，中国道德的缺陷便暴露无遗了。对西方道德由鄙视转向尊重；对中国道德由盲目崇拜转向冷静批评。这种转变是非常有意义的。对这个千年文明古国来说，迈出这一步很不容易。严复之论，为日后的勇士们摧毁旧道德大厦埋下了思想炸药。

1902 年，梁启超根据严复介绍来的进化论，鲜明地举起"道德革命"的大旗，向守旧的道德不变论宣战。他认为，任何事物都要卷进浩浩荡荡的进化之流，道德也不例外。它同样"一循天演之大例"，有发达有进步。"前哲不生於今日，安能制定悉合今日之道德？"② 道德取舍的标准，不在圣贤之言中，而在是否有益于群体。"有益于群体为善，无益于群体为恶"③，在梁启超看来，中国传统道德很多都是无

① 严复：《论世变之亟》。
② 梁启超：《新民说·论公德》。
③ 梁启超：《新民说·论公德》。

梁启超

益于中国的生存和发展的，例如，犯而不校、不报无道、以直报怨、以德报怨之类导致了自我的日渐萎缩和奴性的日益深重；知命自足、危邦不入、乱邦不居则消磨了人的进取勇气；独善其身、不在其位不谋其政又会削弱人的社会责任感。既然如此，传统道德就不是像日月经天、江河行地那样永恒不变的。无益于群体的道德，一律要变革。在那脍炙人口的《新民说》中，梁启超反复申述：唯有新明德，才能拯救民族危难。

如果说，在 20 世纪头几年，关于传统道德可变、该变的思想还会"为举国之所诟病"的话，那么，在十几年后的"五四"新文化运动中，这一思想就能为很多人所接受了。其实，进化论的观念已被普遍运用于道德领域。陈独秀指出："我们相信世界各国政治上、道德上、经济上困惑的旧观念中，有许多阻碍进化而不合情理的部分。我们想求社会进化，不得不打破'天经地义'、'自古如斯'的成见。"[1]李大钊又指出："道德既是社会的本能，那就适应生活的变动，随着社会的需要，因时因地而有变动，一代圣贤的经训格言，断断不是万世不变的法则。什么圣道，什么王法，什么纲常，什么名教，都可以随着生活的变动、社会的要求，而有所变革，且是必然的变革。"[2]陈、李这些观点，对知识界产生了很大的影响，也得到先进知识分子的公认。

---

[1] 《陈独秀文章选编》上，生活·读书·新知三联书店 1984 年版，第 427 页。
[2] 《李大钊选集》，人民出版社 1959 年版，第 272 页。

新文化运动战士的思想更深刻的地方在于，从中国近代经济和政治的变动来说明传统道德变革的必然性。

从经济上看，中国传统道德是建立在农业生产基础上的。农业生产常年固定在一处，利于家族繁衍，形成大家族制度，故农业本位的民族便以家族主义为其特色。由此产生的道德便是"损卑下以奉尊长""与治者的绝对的权力、责被治者的片面的义务"的道德，因此，在农业经济高度发达的中国，作为传统道德集中体现的孔子学说，"所以能支配中国人必有二千余年的原故，不是他的学说本身具有绝大的权威，永久不变的真理，配做中国人的'万世师表'，因他是适应中国二千余年来未曾变动的农业经济组织反映出来的产物，因他是中国大家族制度上的表层构造，因为经济上有他的基础"①。农业经济不仅产生了大家族制度，而且还产生了好静喜和、不求竞争的倾向。农业生产依赖于自然，讲究与自然界的协调、和谐。这种人与自然的关系直接影响了人与人的关系。因此，中国传统道德讲究过分谦让，不力争个人权力与利益，这也是与农业生产有关的。

但是，近代以来，随着外国资本主义的入侵，工商业经济猛然冲击中国农业经济。这便极大地动摇了中国传统道德赖以存在的经济基础。

与"静"的中国农业文明不同，西方工业文明是"动"

---

① 《李大钊选集》，人民出版社 1959 年版，第 297 页。

的文明。"动"的文明以人为克制自然，强调对自然的征服和改造，处理人际关系时富于竞争意识。而且，工商业的人们不再终年定居一处，而常转徙各地，故家族简单，不再存在大家族制度，人人不以家族为中心，而以个人为中心，奉行个人主义①。

中国的农业文明既然受到了工业文明的冲击而发生动摇，那么，建立在农业文明基础之上的中国传统道德，便不能不变。如果中国不求进步，把自己置于世界新经济关系之外，再过闭关自守的生活，中国可以再奉行以孔子为代表的传统道德；如果中国要发展，要赶上世界先进经济水平，则非打破传统道德不可。

再从政治上看，从专制走向民主，是近代中国的必然历史趋势。而传统道德恰恰是实现这一趋势的重大障碍。新文化运动的战士们深刻地认识到：以忠孝为核心的旧道德，是维护专制制度的精神支柱，与民主制度是绝不相融的。吴虞指出：教忠教孝，实际上就是教老百姓不要犯上作乱，恭恭顺顺地听从统治者的愚妄，把中国弄成一个"制造顺民的大工厂"②。陈独秀又指出："吾人果欲于政治上采用共和立宪制，复欲于伦理上保守纲常阶级制，以收新旧调和之效，自家冲撞，此绝不可能之事。盖共和立宪制，以独立、平等、自由为原则，与纲常阶级制为绝对不可相容之物，存其一必

---

① 《李大钊选集》，人民出版社1959年版，第295—296页。
② 赵清、郑城编：《吴虞集》，四川人民出版社1985年版，第173页。

陈独秀

废其一。"①

　　总之，无论是从经济上看，还是从政治上看，传统道德都有彻底变革的必然性、必要性。经过先进知识分子的反复宣传，"五四"以后，越来越多的人意识到，传统道德不能不变，也不得不变。当然，道德顽固派的势力还很强大。不过，他们在知识界已越来越失去号召力了。

---

① 《陈独秀文章选编》上，生活・读书・新知三联书店 1984 年版，第 108 页。

# | 权利意识的觉醒 |

以"三纲"为核心的传统道德，强调卑辈对尊辈的无条件服从。卑者只有侍奉长上的义务，而无个人应有之权利。在传统道德中，我们只见忠、孝、义、礼等名目繁多的义务性规范，而不见任何肯定个人自身价值的权利性规范。

对传统道德的反叛，首先表现为权利意识的觉醒。权利意识的觉醒，意味着对个体独立、自由的向往和对人人平等的追求。独立、自由、平等，是近代道德革命带来的最有意义的新观念。

独立，是指不依赖于他人的自主性。本来，在传统中国，独立人格是有人提倡的。孟子曾说过："富贵不能淫，贫贱不能移，威武不能屈，此之谓大丈夫。"①这句名言素来为追求独立人格者所赞誉，可是，孟子的呼声终究被纲常名教的强大势力所淹没。把个人牢固地钉在奴隶关系位置

①　《孟子·滕文公下》。

上的纲常名教，是不会允许独立自主性存在的。旧道德认为，卑者只有隶属于尊者才有价值、有意义，如独立于尊者，则是大逆不道。高元说得好："伦常主义使人只有父母的观念，而没有自我……的观念。……他们的人生哲学观，不是讲究怎样去做'人'，只是讲究怎样去做'孝子'。……这种观念，简直是不承认'个人'的存在，只承认'父母的遗体'的存在，痛快说一句，各个人都不是'人'，只是父母身体里分出来的点把东西。"① 个人在家中是父母的附属品，在社会上则是长官的附属品。而在父母头上还有父母，长官头上还有长官。于是便形成了每个人都属于他人，而不属于自己的局面。"他们看自己不是人，只是别人的某种关系者，而且他们不但看自己不是'人'，却看作别人是'天'。"②

因为人人都属于他人，人人便都成了他人的奴隶。由此便产生了普遍的奴性。奴性，是道德革命论者猛烈抨击的对象。梁启超把奴性作为国民最大的劣根性、中国贫弱的总根源，"中国数千年之腐败，其祸极于今日，推其大原，皆必自奴隶性来"③。他提出著名的新民说，其主要目的就是改造奴性。鲁迅把中国几千年的历史分成两个时代："想做奴隶而不得的时代""暂时做稳了奴隶的时代"。在前一个时代

---

① 高元：《政治民主与伦常主义》，《新青年》第二卷第二号。
② 顾诚吾：《对旧家庭的感想》（续），《新潮》第二卷第四号，第 677 页。
③ 李华兴、吴嘉勋编：《梁启超选集》，上海人民出版社 1984 年版，第 136 页。

里，社会极为动乱，没有"真龙天子"出现，老百姓连安稳地做皇帝奴隶的资格都没有；在后一个时代里，"真龙天子"出现了，社会稳定了，于是老百姓就可以平安地当皇上的奴隶了①。鲁迅还看到，中国存在着等级性的奴隶环："王臣公，公臣大夫，大夫臣士，士臣皂，皂臣舆，舆臣隶，隶臣僚，僚臣仆，仆臣台"；台还可以妻、子为臣；子长大后，又可以他的妻、子为臣②。如此层层相属，每个人都以他人为奴隶，又都成为他人的奴隶。面对普遍的奴性，鲁迅内心既非常悲痛，又非常愤慨。这种"哀其不幸，怒其不争"的心情，反复表露于他的作品中。

为了破除普遍的奴性，必须广泛确立独立精神，道德革命论者把独立摆在很重要的地位。康有为把自主权作为不容置疑的"几何公理"③。梁启超把独立作为人与兽、文明与野蛮人区别的根本标志。他认为，中国之所以不能成为独立之国，就是因为中国人民缺乏独立之德；"先言道德之上独立，乃能言形势上之独立"④。他还呼吁勿为古人之奴隶，勿为世俗之奴隶，勿为境遇之奴隶，做一个"高高山顶立，深深海底行"的伟丈夫⑤。陈独秀教导青年，"自谋温饱"，"自陈好恶"，"自崇所信"，决不以奴隶自处，也决不以奴隶处他

① 《鲁迅选集》第二卷，人民文学出版社 1983 年版，第 78—79 页。
② 《鲁迅选集》第二卷，人民文学出版社 1983 年版，第 81—82 页。
③ 康有为：《实理公法全书》。
④ 《梁启超选集》，上海人民出版社 1984 年版，第 157 页。
⑤ 《梁启超选集》，上海人民出版社 1984 年版，第 230—231 页。

人①。新文化运动后，一批又一批的年轻人纷纷挣脱旧伦常关系的束缚，走上独立的人生之路。这是道德革命所结出的一个硕果。

近代道德革命倡导独立，只是要求承认个人独立存在和发展的权利、价值，并不意味着要全然脱离他人和社会。正如梁启超所说的，独立的反面是依赖，而不是合群②。一般来说，道德革命论者不会因追求独立而离妄社会。恰恰相反，他们还要大大提倡关心社会的公德观念。这点，后面再详述。

与独立相连的是自由。不依赖他人是独立，按个人意志行动就是自由。独立的反面是依赖、从属；自由的反面是束缚、压制。跟独立一样，自由也是近代道德革命所追求的一个基本目标。

在道德革命中，对自由最为关注的是严复和梁启超。如前所述，严复把自由看作近代西方之体。他认为，自由是"中国历古圣贤之所深畏，而未尝立以为教"的③。严复尤其注意言论自由。所谓言论自由，就是"平实地说话求真理，一不为古人所欺，二不为权势所屈而已，使理真事实，虽出之仇敌，不可废也；使理谬事诬，虽以君父，不可从也"④。

① 《陈独秀文章选编》上，生活·读书·新知三联书店 1984 年版，第 74 页。
② 《梁启超选集》，上海人民出版社 1984 年版，第 158 页。
③ 严复：《论世变之亟》。
④ 严复译：《群己权界论》凡例。

他很赞赏亚里士多德的名言：我爱我师，我更爱真理。此种精神，与服从君父、圣贤的中国传统是截然对立的。根据自由，人对任何事物都可以发表言论。但是，在传统中国，"事关纲常名教，其言论不容自由"①，这比西方对宗教不能自由发表言论还严重。明末李贽议论纲常名教，结果被称为"名教罪人"，落个惨死狱中的下场。对中国道德言论的不自由，严复表示深深的不满。

梁启超也很注重自由。他把自由看作比"形质界生命"（肉体）还重要的"精神界生命"。文明国之人不惜以牺牲前者来换取后者。"不自由，毋宁死"，对这一西方近代格言，梁启超反复宣传。他认为，自由是医治奴性的良方，"今日非施此药，万不能愈此病"②。

梁启超更深刻之处在于，他认识到中国表面上有自由，但实际上无自由，或者说，有自由之路，而无自由之德。中国民众好像有交通、行动、置产业等自由，但那不过是官吏不禁的结果。官吏一禁，自由便消失得无踪无影，"而官吏之所以不禁者，亦非尊重人权而不敢禁也，不过其政术拙劣，其事务废弛，无暇及此云耳。官吏无日不可以禁，自由无日不可以亡"③。因此，中国人的所谓自由是可以随时被官吏取缔的，而这就是最大的不自由。故梁启超慨叹中国

① 严复译：《群己权界论》凡例。
② 吴兴华、李嘉勋编：《梁启超选集》，上海人民出版社 1984 年版，第 136 页。
③ 吴兴华、李嘉勋编：《梁启超选集》，上海人民出版社 1984 年版，第 136 页。

四万万人皆仅有形质之生命，而无精神之生命，无一人可称为完整的人。欲改变这种悲惨局面，"舍自由美德外，其道无由！"

要求得自由，必须冲破"三纲"。因为，从道德上看，"三纲"的束缚是中国人实现自由的根本障碍。"三纲"像一张无形的大网，笼罩在每个人头上。谭嗣同在《仁学》中发出的"冲绝伦常之网罗"的呐喊，充分反映了中国人民要求自由的强烈愿望。

中国人对自由常发生误解，认为自由就是放荡不羁，我行我素，为所欲为，无法无天。为消除这种误解，道德革命论者再三强调，那种自由是假自由，而不是真自由；是野蛮自由，而不是文明自由。真正的、文明的自由是以尊重他人的自由为前提的。"人人自由，而必以不侵入人之自由为界"，这是对自由的最根本限制。制定法律的主要目的，就在于保障每个人的自由权利。因此，每个人在追求自由时，都不能超出法律规定的范围，"文明自由者，自由于法律之下"。由于有这些限制，人人追求自由不会带来社会混乱，不会给为非作歹的人提供可乘之机。

传统道德对个人权利的排斥，不仅表现为它否定个人的独立与自由，还表现为它制造人与人的不平等。因此，近代道德革命中权利意识的觉醒，还包括对平等的追求。

平等意味着出发点齐一，意味着每个人的人格都有同等的价值，不能只承认尊者的价值，而剥夺卑者的价值。

近代平等观的基本依据在于，人人生而平等，人的自然禀赋是没什么差别的；人的一切不平等，完全是后天的社会环境造成的。因此，必须改造社会环境，让每个人都取得公平的地位。现代遗传学告诉我们，人的自然禀赋并不是没有差别的。不过，这种差别与人们后天社会地位的巨大不平等是绝不相称的。如果后者是无穷大的话，前者则是无穷小。因此，现代遗传学不能作为否定平等观的根据。

中国传统道德制造的人间不平等实在是太严重了！人与人的卑尊关系一生下来就确定了，终生不变。君、父、夫等尊者永远处于支配、统治地位，而臣、子、妇等卑者却永远处于被支配、被统治的地位。对旧道德造成的种种不平等现象，道德革命论者作了淋漓尽致的揭露。有人认为：礼的本质就是"定上下贵贱之分，言杀（shài，等差）言等，委曲繁重，虽父子夫妇之亲，亦被其间离"①。还有人指出，把"三纲"推到顶点，即可导致君杀臣、官杀民、父杀子、兄杀弟、夫杀妻、妻杀妾②！陈独秀则愤怒地指控："宗法社会之奴隶道德，病在分别尊卑，谦卑者以片面之义务，于是君虐臣，父虐子，姑虐媳，夫虐妻，主虐奴，长虐幼。社会上种种之不道德，种种罪恶，施之者以为当然之权利，受之者皆服从于奴隶道德下而莫之能违，弱者多衔怨以殁世，强者

---

① 《辛亥革命前十年间时论选集》第一卷，上册，生活·读书·新知三联书店 1960年版，第481页。
② 黄世仲：《三纲毒》，《经世文潮》第二期。

则激而倒行逆施矣。"①

也许有人会问：传统道德真的不讲平等吗？父慈子孝、君仁臣忠、长尊幼顺等难道不是给尊、卑双方都规定的义务和责任吗？我们不否认中国历史上确有慈父和仁君存在，也不认为传统道德绝对没有任何平等意识。但是，正如吴虞指出的：对不孝之子，动辄援引"五刑之属三千，而罪大于不孝"以判罪，而对不慈之父，却无任何制裁；对不忠之臣，可以随时随地诛戮，而对不仁之君，则无任何惩罚②。在中国历史上，对不忠不孝的制裁数不胜数，而对不仁不慈的惩罚却极难觅见。因此，完全有根据断定，就其基本倾向而言，传统道德总是以拒绝卑者来偏袒尊者的。这种情形，随着专制制度的发展、成熟而越来越严重。

与旧道德的不平等针锋相对，道德革命论者呼吁：冲破一切上下尊卑的界限，实现君臣平等、父子平等、夫妇平等、兄弟平等、人人平等。"并立于大地之上，谁贵而谁贱；同为天之所生，谁尊而谁卑？"③

道德革命所倡导的平等，并不是指每个人都绝对地等同。莱布尼兹有句名言：世界上找不到两片完全相同的树叶。同样，世界上也找不到两个完全一样的人。平等，是针

---

① 《陈独秀文章选编》上，生活·读书·新知三联书店1984年版，第188页。
② 赵清、郑城编：《吴虞集》，四川人民出版社1985年版，第64页。
③ 《辛亥革命前十年间时论选集》第一卷，上册，生活·读书·新知三联书店1960年版，第480页。

对旧道德造成的尊卑不平而言的，旨在争取人人平等的人权、人格，承认每个人的价值。它不是针对个性而言的。平等不以牺牲自由为前提。恰恰相反，两者必须齐头并进，协调发展。平等是自由的前提，自由又是平等的保证。

独立、自由、平等，是克服旧道德弊病的手段，同时又是新道德所趋之目的。把这些新鲜血液注入道德中，病歪歪的"层面义务型"道德将会变为生机勃勃的"权利—义务统一型"道德。

## 利己与爱他

传统道德之所以蔑视个人的权利，是因为它不承认独立的个人的价值，而只承认处于人伦关系大网中的人的价值。独立的自我是传统道德极力防范的对象。因此为我、利己一直被称为恶德。

个人权利意识的觉醒，实际上就是利己意识的觉醒。争取个人的独立、自由，追求人人平等，难道不正是为我、利己吗？讴歌利己主义，是近代道德革命的一个主调。

近代中国立体主义思潮大致包括以下内容。

（一）揭示传统道德否定利己的危害性。否定利己，就是否定人权，把个人的一切追求都斥为恶行。有人愤怒地指出："以利己为人道之大戒"的儒家说教，是"不近人情之言"，它"剥夺人权，阻碍进步，实为人道之蟊贼"①。不仅如此，"无私"的道德还充当了专制统治者的帮凶。因为，人人有自私自利之心，便自然会产生思考心、权利心、忧

① 《辛亥革命前十年间时论选集》第一卷，上册，生活·读书·新知三联书店1960年版，第402页。

患心、愤怒心。而这些"心"对专制君主都是极为不利的。专制君主出于自身的需要，便千方百计消除人民的私心，又把自己的"至私"说成天下的"至公"，让为之理力者得赏，违之者受罚。因此，传统否定的"私"，只是指人民的"私"，而不是指统治者的"私"；它所肯定的"公"，实际上不过是统治者的"私"①！由此可见传统道德的虚伪性。

（二）为我、利己是人的本性，也是人类社会进化的动力。人要生存，便不能不为自己谋利；人要肯定自身，便不能不承认自身有独立、自主的权利。"凡属人类，皆不免有自私之见存"②；"利己一念，实为人类最重要之特性。欲完全打破这种特性，盖甚难也"③。利己不是恶的，而是善的。没有利己心，也就没有人类的进步与发展。正是利己心，促使人类向自然界索取生活资料，促进物质生产的发展；正是利己心，导致了学术文化的繁荣；正是利己心，促使人与人之间发生竞争，而有竞争才有进步。总之，人类的一切行为都是由利己心支配的；没有利己心，就没有人类世界，没有人类的物质文明和精神文明。"有人而后有世界，人人有利己之心而后有世界。宗教也，学术也，社会也，国家也，推其所由始，察其所有成，迹其所以变迁发达之故，无不基于人

---

① 《辛亥革命前十年间时论选集》第一卷，下册，生活·读书·新知三联书店1960年版，第494页。

② 《辛亥革命前十年间时论选集》第三卷，生活·读书·新知三联书店1960年版，第817页。

③ 《新青年》第六卷第四号。

类利己之一心。"①

（三）从利己推出爱他。一般来说，近代道德革命论者并不倡导不顾他人和社会的绝对利己。他们认为，利己和利他不是冰炭不容，而是相互包含、相互促进。梁启超指出："善能利己者，必先利其群，而后己之利亦从而进焉。"② 因为，个人是不能脱离他人、社会而存在的。社会的盛衰对个人利益有至关重要的影响。社会强盛是给个人的大利，社会衰弱则是给个人的大害。因此，损害他人、国家、社会利益，最终必不利己。真正利己的人必然会利他人、国家、社会。由此可见，利己主义不仅是利他主义的基础，而且也是爱国主义的基础，"凡能私者，必能以自私者私国"③，如果人人都把国家看作自己的，也就是说，国家与一己之私有密切的关系，他们便会为国家的利益而奋斗。相反，如果国家是与个人无关的东西，那么，谁还会爱国呢？

在利己与利他统一的基础上，道德革命论者提倡自私利他主义。高一涵对此做过很好的说明："何言乎自利利他主义也？社会集多数小己而成者也。小己为社会之一员，社会为小己所群集。故不谋一己之利益，即无由致社会之发达"，

---

① 《辛亥革命前十年间时论选集》第一卷，上册，生活·读书·新知三联书店1960年版，第402页。
② 李华兴、吴嘉勋编：《梁启超选集》，上海人民出版社1984年版，第162页。
③ 《辛亥革命前十年间时论选集》第一卷，下册，生活·读书·新知三联书店1960年版，第495页。

"果为自利，抑为利他？举英能辨。何也？以群己之关系至密，自私即以利他，而利他亦即以自利故也"①。针对传统道德把利己与利他对立起来的倾向，道德革命论者强调两者的统一。

（四）不应损人利己，也不应损己利人。从利己与利人的统一出发，自然会得出这一结论。严复把它作为群学的"最大公例"。他很推崇亚当·斯密的名言："大利所存，必其两益。损人利己非也；损己利人亦非；损下益上非也；损上益下亦非。"②损人利己之非，是谁都明白的，为什么损己利人亦非呢？我们再看高一涵的解释：个人利益是社会利益的一部分，个人利益的丧失，即意味着社会利益的不完整。并且，以损己来利他，未必真能实现利他。即使真能实现利他，结果也是不合理的，那会导致"一方弃其所应得者而不得，一方取其不应得者而得之"。劳动与报酬的合理关系应该是：人付出了多大劳动，便相应地要取得多大成果。而损己利人的原则却违背了这一关系，是劳者不得享受，而不劳者享其成。这必然损害劳者的积极性，助长不劳者的惰性③。

从纯理论的角度看，上述分析有相当大的合理性。在和平年代，这种原则是应该实行的。我们要尽最大努力来追求

① 高一涵：《共和国与青年之自觉》，《青年杂志》第一卷第二号。
② 《天演论》"导言"十四《恕败》。
③ 高一涵：《共和国与青年之自觉》，《青年杂志》第一卷第二号。

个人和他人、社会的协调发展，不要把一部分人的发展建立在牺牲另一部分人的基础上。不过，在近代中国民族危机空前严重的情况下，救亡的迫切性不容许无条件地倡导"损己利人亦非"。大敌当前，总要有人做出牺牲。没有献身精神，民族革命和民主革命都不能实现。读林觉民《与妻书》，我们今天还会感受到其伟大的道德力量。相反，在辛亥革命前夕，有人固执个人第一主义，把七尺之躯看得比国家大业还重，明言不愿为请愿国会而死 ①。两者相比，不难看出谁的道德境界高。

---

① 《辛亥革命前十年间时论选集》第三卷，生活·读书·新知三联书店 1960 年版，第 817 页。

｜ 林觉民《与妻书》

## | "欲"的开放 |

传统道德否定利己,当然包含着对个人物质欲望和物质利益的否定。本书第一部分已指出,中国传统道德富有禁欲主义精神。近代道德革命高唱利己,当然要冲破这种禁欲主义,开放禁锢千年的人的自然欲望。

针对传统道德把利欲与道德对立起来的倾向,道德革命论者强调两者的一致性。曾嵩峤指出:利欲为维持生命所必需,"未有不能维持生命而能言道德者"[1],没有利欲,就没有人类的生存,因而也就没有人类的道德。利欲不仅是道德的基础,而且是道德所应该保护的对象。与利欲相符的,就是道德的;反之,压抑人的欲望,"渴了不得饮,饿了不得吃,⋯⋯这些都不适于人性,就是不道德"[2]。

传统道德之所以否定利欲,是因为它在探求人性时,只

---

① 曾嵩峤:《我之孔道全体观》,《太平洋》第一卷第三号。
② 吴明:《欲望与道德》,《国民日报》1920 年 6 月 3 日。

承认人的灵魂的意义，而否定人的肉体的意义，认为灵魂是
善的，而肉体则是恶的。告子曾说过"食、色，性也"，试
图把由肉体生发的自然属性纳入人性之中。这种看法遭到了
孟子的强烈反对。他把人性仅仅归结为道德属性，以为承认
自然属性是人性，会把人等同于兽①。周作人指出："古人的
思考，以为人性有灵肉二元，同时并存，永相冲突，肉的一
面，是兽性的遗传，灵的一面，是神性的发端。"②他反对这
种观点。周作人认为，人是从普遍动物进化来的，他虽然交
于动物，但也与动物有共性。因此，不能脱离肉体来谈论人
性。灵与肉具有同样重要的意义。单讲一个方面，人性就是
不全面的、畸奇的。

　　灵与肉的分离，是全人类在中世纪的共同现象。西方的
基督教、阿拉伯的伊斯兰教，跟中国的儒教一样，都过分夸
大"灵"的意义，而鄙视"肉"的价值。打破禁欲主义，确
立灵肉统一的人性论，是人类走出中世纪的一条必由之路。
欧洲在文艺复兴时期就走上了这条路，而中国则晚了好几
百年。

　　肯定肉体的意义，便肯定了自然欲望的合理性。人由肉
体生发的自然欲望，概而论之，即趋乐避苦。近代道德革命
论者多把它看作人的本性，并认为它是善的、应该弘扬的；
而不是恶的、必须抑止的。康有为指出："普天之下，有生

---

① 《孟子·告子上》。
② 周作人：《人的文学》，《新青年》第五卷第六号。

之徒，皆以求乐免苦而已，无他道矣。"①梁启超称康有为哲学为"主乐派哲学"。高一涵又指出："人生第一天职，即在求避苦趋乐之方。"②

趋乐避苦不仅是人的天性，而且是道德评价的标准。道德评价无外是要确立善恶。在这个问题上，传统道德无例外地都以"圣贤遗训"作为标准。与之符合者为善，反之者为恶。对此，近代道德革命做了根本性突破。它鲜明地以苦乐定善恶。一切使人受苦的行动与观念，都是恶的；一切让人快乐、幸福的东西，都是善的。严复指出："乐者为善，苦者为恶，苦乐者所视以定善恶也。"③康有为又说：使人有乐无苦的，是最善的；使人乐多苦少的，是不够善的；使人苦多乐少的，是不善的④。必须看到，这里所说的苦乐，不仅是指个人的，而且是指全体的。道德革命论者关心个人的快乐和幸福，同时也关心群体的快乐和幸福。从群体出发，梁启超提出了一个意义更为广泛的道德评价标准——"有益于群者为善，无益于群者为恶"⑤，有益（利）的内涵比快乐宽广，但其核心还是快乐。利与害、乐与苦是人类对外界最经常、最直接、最深刻的感受。利、乐为感受的正极；害、苦为感受的负极。把道德建立在人的现实感受上，使之一改传

---

① 康有为：《大同书》，第6页。
② 高一涵：《乐利主义与人生》，《新青年》第二卷第一号。
③ 严复译：《天演论》"导言"十八《新反》。
④ 康有为：《大同书》，第7页。
⑤ 梁启超：《新民说·论功德》。

统道德不近人情的冷酷性。

人们要满足趋乐避苦的自然欲望，必须进行相应的物质活动。其中，当然包括了工商业活动。对于工商业活动及从事这些活动的人，传统道德是很轻蔑的。在它看来，商人都是孜孜求利的小人。到了近代，随着禁欲主义道德观的变革，工商业活动便从受鄙视变为受推崇。商人的地位发生了根本性变化。在十九世纪末，中国出现了一股重商思潮。郑观应主张"商战"，王韬提出"商为国本"，严复把商政之盛衰看作国家富贫强弱的标志。商人再也不是可恶的"小人"，而是与国运攸关的"大人"。不少有名望的知识分子也从事工商业活动，并取得出色成绩。郑观应、陈嘉庚等就是其中的佼佼者。

"欲"的开放，还引发了对"崇俭反奢"传统的批判。被一直作为重要美德的"俭"，实际上就是对个人物质欲望的限抑甚至否定。物质欲望的合理性得到承认以后，崇俭反奢原则自然就成为不合理的了。谭嗣同指出：所谓俭与奢，其界限是非常难以确定的，完全因人因时而异：假如每天有万金收入，则花千金也不算奢；假如每天只有百金收入，则花百金就已太奢了！因此，"溢则倾之，歉而纳焉，是俭自有天然之度，无待豪也"①。而且，更重要的在于，如无条件地提倡崇俭反奢，将会导致严重的后果："凡开物成务，利

---

① 蔡尚思、方行编：《谭嗣同全集》下册，中华书局 1981 年版，第 322 页。

用前民，励材奖能，通商惠工，一切制度文为，经营区画，皆当废绝。"① 因为，这一切活动都是"求奢"的。像禽兽那样穴居、无衣、缺食，那是最"俭"的了。但正常人都不想过这种原始生活。

近代道德革命论者还揭露了禁欲主义道德的虚伪性。鼓吹禁欲者，往往是要禁民众的欲，而他们自己却纵欲。其中，尤以历代君王为甚。正如谭嗣同愤怒指控的："己则渎乱夫妇之伦，妃御多至不可计，而偏喜绝人之夫妇，如所谓割势之阉寺与幽闭之宫人，其残暴无人理，虽禽兽不逮焉。"② 在中国历史上，"满口仁义道德，背地里男盗女娼"的无耻之徒实在是太多了！道学先生口口声声说不言利，但实际上却"以钱财为上帝"③，对利贪得要命。章太炎指出，"孔教最大的污点，是使人不脱富贵利禄的思想"④。儒生总是希望通过各种途径（主要是科举）打入官场，吃上皇帝给的俸禄。不少官场上的儒生，贪污受贿，尔虞我诈，无所不为。清末著名的小说《官场现形记》和《二十年目睹之怪现象》，向我们展示了活生生的官吏腐败画面：九死一生（人名）的伯父，道貌岸然，拐骗亡弟钱财、欺凌寡娣孤侄；莫可基不仅冒充弟弟顶替他的官职，而且霸占弟媳，把她"公

---

① 蔡尚思、方行编：《谭嗣同全集》下册，中华书局 1981 年版，第 322 页。
② 蔡尚思、方行编：《谭嗣同全集》下册，中华书局 1981 年版，第 349 页。
③ 严复：《道学外传》，《国闻报》1898 年 6 月 5 日。
④ 章太炎：《演说录》，《民报》第六期。

诸同好，作为谋差门路"；苟才为升官发财，竟不顾守节的
戒律，无耻地逼使寡居儿媳去当制台的姨太太……这些虽然
都是小说形象，但其真实性是不容怀疑的。通过他们，我们
可以发现鼓吹"重义轻利"的儒生是多么虚伪！

# 家族伦理与社会伦理

　　传统伦理是以家族为中心的，因而它既没有给个人应有的地位，也没有对社会予以足够的重视。家族伦理丰富，而社会伦理贫乏，是中国传统道德的一个重要特征。

　　传统道德只教人以家规，而不教人以社会公德。五伦中有三伦（父子、夫妇、兄弟）是关于家族的，其余二伦（君臣、朋友）有一定的社会意义。但是，正如梁启超指出的："朋友一伦，决不足以尽社会伦理；君臣一伦，犹不足以尽国家伦理。"[①]人在社会中的关系是多种多样的，不仅与相知的朋友发生关系，与素不相识的陌生人也有关系。政治领域的关系也不是只有君臣关系。并且，传统的君臣、朋友关系也往往染上家族色彩。君主被视作全国臣民的总父亲，所有臣民都是君主的儿子。臣民服从君主，正像儿子顺从父亲一样。朋友也常比作兄弟。如讲江湖义气的"哥们儿"，军队

――――――――――

① 梁启超：《新民说·论公德》。

里的同营，都常互称兄弟。

家族伦理的高度发达，造成双重后果：亲情过重，人们只爱本姓、本族，而排斥他姓、他族，只关心家族，而不关心社会；亲情表面掩盖下的无情，家人关系森严冷峻。

家族伦理最重血缘亲情。它让人们根据血缘关系的远近生发对他人的感情。血缘关系最近者，最为亲爱；随着血缘关系的减弱，亲爱之情变得越来越弱。这就是"爱有差等"。对与自己无血缘关系的人，则采取排斥甚至仇视的态度。博爱的观念，是与正统儒家道德格格不入的。墨子主张博爱（兼爱），被孟子斥为"无父"①。康有为指出："中国人以族姓之固结，故同姓则亲之，异姓则疏之；同姓则相发，异姓则不恤。于是两姓相斗，两姓相仇。"② 甚至移居国外的华侨，也还表现出异姓相斗的倾向。

"只扫自家门前雪，莫顾人家瓦上霜"，这句有名的谚语常被作为中国人利己主义的证明。其实，它反映的只是利家主义，而不是利己主义。在传统道德支配下，昔日中国人考虑问题时既不是把个人，也不是把社会，而是把家族放在第一位。个人建功立业，不是为了显示自我的价值，也不是为了给社会进步献力，而是为了光宗耀祖。读书、为官、经商等社会活动，最终都是为了家族。家族主义伦理极大地限制了人的活动范围，使人"家之外无事业，家之外无思考，

① 《孟子·滕文公下》。
② 康有为：《大同书》，第172页。

家之外无交际，家之外无社会，家之外无日月，家之外无天地"①。因此，正是家族主义，而不是个人主义（或利己主义）使中国人缺乏公共心。正如陈独秀说的："中国人之所以缺乏公共心，全是因为家族主义太发达的缘故。有人说是个人主义妨碍公共心，这却不对。半聋半瞎的八十衰翁，还要拼着老命做官发财，买田置地，简直是替儿子做牛马，个人主义决不是这样。那卖国贪赃的民贼，也不尽为自己的享乐，有许多竟是省吃俭用的守财奴。所以我认为戕贼中国人公共心的不是个人主义，中国人个人权利和社会公益，都做了家庭的牺牲品。"②陈独秀的分析，真是入木三分！在传统中国，"父慈"往往被"父威"所替代，而母亲的溺爱却是常见的。

我们不否认，中国自古以来就有"以天下为己任"的人，他们在很大程度上挣脱了家族伦理的束缚，怀有强烈的社会责任感，时刻关注着国家的命运。但是，这样的人毕竟太少了。普遍士大夫和广大民众，还是以家为中心，关心家事胜于其他任何事。浓重的亲亲意识无时不在限制着他们。对父母的过分孝顺，使儿子恪守"父母在，不远游"的古训，不能外出干大事。母亲对儿子的过分溺爱，也足以消磨儿子的四方之志。

---

① 《辛亥革命前十年间时论选集》第一卷，下册，生活·读书·新知三联书店1960年版，第834页。
② 《陈独秀文章选编》上，生活·读书·新知三联书店1984年版，第516页。

　　为了克服传统道德的以上弊端，近代道德革命论者极力倡导博爱和公德，用社会伦理来代替家族伦理。

　　博爱意味着对一切人的无差别的爱，不仅爱家人，而且也爱与自己无血缘关系的人，凡属人类，无不爱之。康有为对欧美在博爱观念指导下产生的大量慈善现象——"捐千百万金钱，以为学院、医院、恤贫、养老院以泽被一国"，表示深切的向往，希望以此种广泛的仁道来改造中国的"自亲其亲"①。蔡元培把博爱作为"人生最贵之道德"②。孙中山则把博爱作为座右铭。

　　在阶级剥削还存在的条件下，博爱确实是很难实现的。我们以前经常以此来批判博爱。其实，现实中难行的东西，并不一定是无价值的。人类社会虽然存在着异常复杂、频繁、多样的争斗，但也存在着真诚、善良的合作与互助。博爱是人的族类意识的重要体现，它反映了人类美好的理想。没有博爱，建立和维系全人类的普遍关系，起码失去了一个重要依据。

　　公德是指在公共场合下的公众道德，包括很多内容，如爱公物、好公益、不随地吐痰、不大声说话、不妄折花木、不轻犯鸟兽、坐让老幼、入守行列等，这些都属于公德范围。由于受家族主义影响，传统中国人不善于参与公共活动，不懂得公共活动的规则。孙中山曾说过，有个中国公使

---

① 康有为：《大同书》，第 173 页。
② 高平叔编：《蔡元培全集》第二卷，中华书局 1984 年版，第 209 页。

孙中山遗墨

在船上随便把痰乱吐到精美的地毯上，美国船主用自己的丝巾把痰擦干净，那公使看见，还是毫不在意①。连堂堂公使都如此不懂公德，普通民众便可想而知了。时至 20 世纪 80 年代，还听见这样的笑话：某君访美后回国做报告，列举美国社会的缺点，其中一条是：美国太不自由了，以致连吐痰的自由都没有！

讲博爱，讲公德，都是为了打破家族中心意识，让人们树立爱护他人、关心社会、关心国家的观念，变孝子为公民。在民族危机空前严重的近代中国，树立社会责任感尤其具有重要意义。

综上可见，中国近代道德革命所要解决的问题是非常复杂的。面对旧道德的排斥人权，敌视个人，它要突出个人的地位，强调"私"；面对旧道德的多家族主义，而少博爱心与公德心，它又要突出社会的地位，强调"公"。因此，道德革命所追求的，既不是"大公无私"，也不是"大私无公"，而是"大私大公"。

有感于家族主义使人只知有家而不知有国，只知爱家人而不知爱他人，中国近代流行过一种很极端的观点。这种观点主张废除家庭。康有为在《大同书》中设想，在未来的大同社会中，儿童公育公教，老病者公养公抚，实现"去家界为天民"。20 世纪初对知识分子颇有影响的无政府主义思潮，

---

① 见《三民主义·民族主义》第六讲。

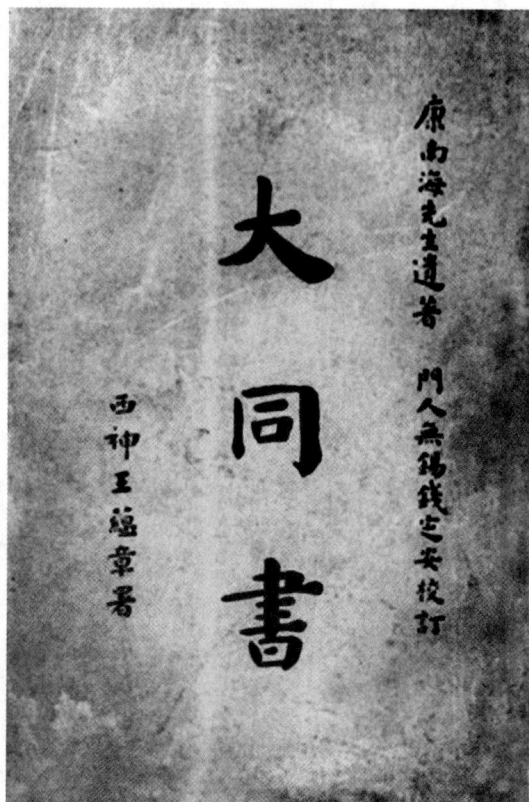

康有为《大同书》书影

更是大张旗鼓地宣传毁家、灭家。无政府主义者把家庭看作万恶之首、万恶之源：家庭使公有的东西变成私有的，家庭是君权、父权、夫权的基础，是实现自由、平等的大障碍。去家之说虽然实践上不可行，但它理论上对家族主义的冲击是有意义的。

中国传统家族伦理就其注重血缘亲情而言，它是多情的，但从另一方面看，它又是无情的。为什么这样说呢？因为家族伦理不仅教人亲亲，而且教人尊尊。它强制性地维护长者的权威，使长幼之别变为等级之差。于是，长幼便被隔离开来，他们之间难以进行真正的感情交流。儿子爱父亲，本来是很自然的，但在威严的"父为子纲"支配下，儿子对父亲的纯真挚爱却变为对父亲的威严的敬畏。毫无疑问，"夫为妻纲"也使夫妻的感情交流显得极为困难。

对家族伦理带来的家人无情的后果，近代道德革命论者也进行了深刻的揭露。康有为指出：中国的家庭，大多表面上"太和蒸蒸"，实际上"怨气盈溢"，"名为兄弟娣姒而过于敌国，名为妇姑叔嫂而怨于路人。……其子孙妇女愈多者，其嫌怨愈多，其聚居同爨愈盛者，其怨毒愈盛"①。顾诚吾又指出：旧家庭像一座古庙，人们在里头没有感情联络，过着惨淡无聊的生活。那辈分上与自己最亲的，无论他怎么苛待自己，也要用最真挚的感情来对待他；若没有最真挚的

---

① 康有为：《大同书》，第183—184页。

感情，也必须用最真挚的感情的形式来装扮登场①。

　　家族伦理让"有情"与"无情"成为相反相成的两个方面。相对于对外人的无情而言，家里人是多情的。但在家人中，有情又与无情交织在一起，使家人处于难言的复杂关系之中。就总体倾向而言，无情超过多情。从曹雪芹的《红楼梦》到巴金的《家》，我们都可以看到无情的阴影是多么沉重地笼罩着大家庭。近代道德革命论者希望建立有情但又不因而危害社会的、平等的家人关系。

---

① 　顾诚吾：《我对旧家庭的感想》，《新潮》第一卷第二号。

## 进取冒险精神与竞争意识

中国传统道德培养出来的人是自谦自萎型的。知足常乐使人不思进取；危邦不入、乱邦不居使人不敢冒险；和为贵、忍为高使人不屑竞争；中庸之道使人不偏不倚、四平八稳。近代道德革命就是要把这样的庸人变为敢于进取冒险、富有竞争意识、敢作敢为、一往无前的新人。

中国近代是一个民族危机空前严重的时代。在面临亡国灭种危险的紧急关头，中国需要强者，而不需要弱者；需要勇猛的英雄，而不需要谦谦君子；需要破釜沉舟、死不回头的勇士，而不需要瞻前顾后、不进不退的中庸之徒。只有后一种人，才能挽救民族危难，使中国立足于激烈竞争的世界大舞台。

要保国保种，必须树立与别国竞争的意识。由严复大力宣传的达尔文、赫胥黎进化论告诉国人，优胜劣汰、适者生存。在生存竞争中，中国已经远远落后了，再不奋发，中国就要亡国灭种！与列强竞争，才是摆脱民族危机的唯一出路。有人指出:"今日之世界,非竞争风潮最剧烈之世界哉?今日之中国,非世界竞争风潮最剧烈之漩涡哉?俄虎、英豹、德法貔、美狼、日豺眈眈逐逐露爪张牙,环伺于四千余年病狮之傍。……欲挽此劫运,若补漏舟,若救火庐,苟非具有武健果毅之气概,伟大磅礴之精神,剀切诚挚之肝胆,明敏活泼之脑浆者,不能使中国之国旗,仍翻飞于二十世纪竞争之大活动场也。"①

竞争,不仅包括跟外国人竞争,而且还包括跟自己人竞争。事实上,科举制度本来是很难体现竞争的。但是,在传统中国人的观念里却难以容纳竞争意识。传统道德太注重和谐、均衡了。"不患寡而患不均,不患贫而患不安",孔子的这句古训给民族心灵打上了深深的印记。竞争肯定带来不均、不安,这是中国人甚为害怕的。冒尖、拔尖者,必为世人所不容。因为他们是打破和谐的罪魁祸首。"枪打出头鸟"的恐吓,使多少敢于冒尖的人畏然退却。针对害怕竞争的顽固传统,近代道德革命论者指出:没有竞争,只能导致普遍的惰性,个人不发展,社会不进步;只有竞争,才能促使每个人发挥各自潜能,增进社会文明。"惟其竞争也烈,则人之思想知识发达而不遏。"②在中国战国时代,不同学说的竞

---

① 《辛亥革命前十年间时论选集》第一卷,上册,生活・读书・新知三联书店1960年版,第452—453页。
② 《辛亥革命前十年间时论选集》第一卷,上册,生活・读书・新知三联书店1960年版,第483页。

争，使大批才智之士涌现。欧洲各国，大至政治法律，小至农工技术，无不包含竞争精神，故成为称雄全球的强国。若数亿中国人，人人树立竞争意识，个个争强好胜，不甘居下，何愁不敌千万人之小国？

富有竞争精神的人，一定是不怕冒险的；而害怕竞争的国民，必然不敢冒险。中国历史上多温和、谦逊的贤人、君子，而少像航海家哥伦布和麦哲伦、宗教改革家马丁·路德、政治家华盛顿和林肯、军事家拿破仑这样敢于进取冒险的英雄。他们"道天下所不敢道，为天下所不敢为。其精神有江河学海不到不止之形；其气魄有破釜沉舟一瞑不视之概；其徇主义也，有上天下地惟我独尊之观；其向其前途也，有鞠躬尽瘁死而后已之志"①。相比之下，做贤人、君子容易，而做进取冒险的英雄困难；贤人、君子对社会进步无大益，而进取冒险的英雄则可能开创一个新时代。欧洲民族之所以强于中国，其中一个很关键的原因，就是他们敢于冒险。梁启超指出："欧洲民族所以优强于中国者，原因外一。而其富于进取冒险之精神，殆其尤要者也。"②

进取冒险精神是与创新意识密切相关的。冒险者要道天下所不敢道，为天下所不敢为。冒险的过程，就是一个充满风险的创造过程。创新、创造，对我们这个古老的民族而言，往往是忌讳的字眼。孔子"述而不作，信而好古"的说

① 梁启超：《新民说·论进取冒险》。
② 梁启超：《新民说·论进取冒险》。

法，引导人们只模仿前人，而不敢超越前人；只会守旧，而不会开新。对于这种死人拖住活人的现象，近代道德革命论者感到痛心疾首。他们反复向民众宣传，守旧是没有出路的，只有维新才能拯救国难。

敢于冒险、创新的英雄，他们是走在时代最前列的少数精英。广大民众往往不能一开始即能理解、接受他们的言行。因此，两者便形成差距，进而产生矛盾、冲突。勇敢的英雄是不会屈服于众人的。他们定要坚持己见，不惜向庸众宣战。鲁迅所赞赏的"自大的人"，正属于此类。他指出："除精神病学上的夸大狂外，这种自大的人，大抵有几分天才，……也可以说是几分狂气。他们必定自己觉得思想见识高于庸众之上，又为庸众所不懂，所以愤世嫉俗，渐渐变成厌世家，或'国民之敌'。但一切新思想，多从他们出来，政治上宗教上道德上的改革，也从他们发端。所以多有这'个人的自大'的国民，真是多福气！多幸事！"①鲁迅自己，就是这样的人。可惜，在当时，这样的人实在是太少了。20世纪初，中国道德革命中敢于冒险、创新的英雄（包括鲁迅、陈独秀等）往往都从尼采的"超人"道德中吸取力量。

---

① 鲁迅：《随感录三十八》，载《鲁迅选集》第二卷，人民文学出版社 1983 年版，第 114 页。

# 女子解放的理论与性道德观的变革

在传统中国，妇女受双重道德支配：一重是跟男子一样的，另一重是跟男子不一样的。后者归结起来，即服从一切男子：未嫁从父，既嫁从夫，夫死从子。由此，男、女便分裂为两个等级。传统道德对女子的束缚，要比男子更大。让女子从这种束缚中解放出来，是近代道德革命的迫切任务。

女子要解放，必须首先有理论指导。中国近代关于女子解放的理论，主要包括以下内容。

第一，阐明造就新女性对国家、民族的重要意义。所有国民都由母亲生出、养育。因此，女子的素质，关系到整个国民的素质。要提高全体国民的素质，必须从提高女子的素质开始，"欲铸造国民，必先铸造国民母始"①。一个女子各种素质都极端低下的民族，其贫弱、落后是必然的。中国要进步、发展，便不能不改变这种状态。

①《辛亥革命前十年间时论选集》第一卷，下册，生活·读书·新知三联书店1960年版，第929页。

第二，指明传统道德是导致中国女子素质低下的重要原因。在传统道德支配下，她们没有独立的人格，完全成为男人的附属品。她们被"抑之、制之、愚之、囚之、系之"[1]，凡仕官、读书、言论、社交、宴会、游玩等男子可以从事的活动，中国女子一律无权参与。"女子无才便是德"的古训，压制了妇女任何能力的发展。更有甚者，她们还要忍受缠足、蒙面、束腰等习俗带来的痛苦。有人指出，中国妇女受七重压迫：使役，赠予，买卖，生杀，玩弄，禁锢，戴上种种精神枷锁，如三从四德、女子无才便是德、贞节观念等[2]。在这种情况下，女子的素质怎能不极度低下呢？在缠足中长大的"小脚女人"，其生理素质是可想而知的；失去受教育权利和其他权利的女子，其心理素质也是可想而知的。

第三，确立女子做人的基本权利，实现男女平等。人权理论，是指导中国近代女子解放的最根本理论。传统女子之所以遭到种种不公正的待遇，关键是因为她们无人权，不被作为人来看待。女子解放的中心环节，就是争取与男子一样的做人的权利。康有为指出："人者，天所生也，有是身体即有其权利。……男与女虽是异形，其为天民而受天权一也。"[3] 既然女子也是人，她就必须具有与男子同等的人权。

---

[1] 康有为：《大同书》，第 126 页。

[2] 张志书：《驳女子无才便是德之妄言》，《女报》第一卷第三号，第 139 页。

[3] 康有为：《大同书》，第 130 页。

男女在聪明才智、性情气质、言行举止、生活习惯等方面有很多相同之处。男女平等是公理，也是事实。

第四，指出实现女子解放的具体途径：从小即开始接受教育，婚姻自主，走出家庭小天地，参与经济、政治等社会活动。其中，兴女学和经济自立尤为重要。有人认为，女学不兴是造成女子悲惨状态的根本原因："我国女子，五千年来沉沦于柔脆怯弱黑暗惨酷之世界，是何故哉？吾一言蔽之曰：女学不兴之害也。"[①]女子无学，便会处于蒙昧、麻木状态，不可能意识到自身状态之可悲，更不会提出独立、自由、平等的要求。因此，兴女学确实是实现女子解放的首务。中国近代知识分子，大都意识到兴女学的重要性。此外，经济自立的作用也是很明显的，"不能自食，必食于人；不能自衣，必衣于人"[②]。女子只有自食其力，才能摆脱对男子的人身依附。在女子要由男子养活的情况下，她不能不成为男子的附属品。"五四"运动后，挪威伟大戏剧家易卜生的作品《娜拉》曾对我国知识界产生了很大的影响。该剧女主人公不满于在家中的傀儡地位，最后离家出走了。"娜拉走后怎么办？"一时成为人们很关注的问题。鲁迅为此在北京女子高等师范学校发表演讲。他指出："如果经济不能自立，娜拉的选择只有三种：堕落、回来、死去。为避免这些

---

① 《辛亥革命前十年间时论选集》第一卷，下册，生活·读书·新知三联书店1960年版，第922页。

② 高振仑：《女子自治说》，《女报》第一卷第二号，第113页。

青年鲁迅

不幸的选择，真正摆脱傀儡地位，实现自由，她必须有自己的钱。""所以为娜拉计，钱，——高雅地说罢，就是经济，是最要紧的了。自由固不是钱所能买到的，但能够为钱而卖掉。人类有一个大缺点，就是常常要饥饿。为补救这缺点起见，为准备不做傀儡起见，在目下的社会里，经济权就见得最要紧了"①。

与妇女解放密切相关的另一个问题是性道德观的变革。在近代中国，性道德观的变革体现在以下方面：性的科学启蒙、性神秘感的打破、男女交往的正常化、恋爱婚姻自主性的确立、片面贞节观的改变等。

由于传统道德严男女之防，"性"一直是禁区。人们根本不可能严肃、认真地讨论、研究它。这便导致中国人对性的蒙昧，不知道男女生殖系统的解剖学结构，在女孩生出来以后，女孩长大了也不明白人是如何孕育的。正如鲁迅指出："中国的妇科医书几乎都不明白女性下半身的解剖学的构造，他们只将肚子看作一个大口袋，里面装着莫名其妙的东西。"② 到了近代，始有有识之士意识到这种性蒙昧状态的可怨。19 世纪末，谭嗣同在写《仁学》时，就很赞赏西医对性的科学认识。他说："若更得西医之精华学者，详考交媾时筋络肌肉如何动法，涎液质点如何情状，

① 鲁迅：《娜拉走后怎样》，载《鲁迅选集》第二卷，人民文学出版社 1983 年版，第 32 页。
② 鲁迅：《病后杂谈》，载《鲁迅选集》第四卷，人民文学出版社 1983 年版，第 96 页。

绘图列说，毕尽无余……使人皆悉其所以然。"① 后来，随着越来越多的人懂西医，性蒙昧的状态慢慢得到改变。对此，在国外学习西医的留学生起了关键作用，他们是近代中国性启蒙的先驱。在当时，宣传性的科学知识，是需要很大的勇气的。在这方面，鲁迅堪称典范。他1909年从日本留学归国后，任浙江杭州两级师范学堂的生理教员，在教生理卫生时，不顾全校师生的惊讶，坦然地讲生殖系统的内容②。以后，鲁迅一直都强调对学生普及性科学教育的重要性。

对性的愚昧无知必然导致对性的高度神秘感甚至性变态。中国人对性特别敏感，性想象力特别丰富，总是喜欢把很多事都联想到这个神秘王国里，"一见到短袖子，立刻想到白臂膊，立刻想到全裸体，立刻想到生殖器，立刻想到性交，立刻想到杂交，立刻想到私生子"③。阿Q看待男女关系的逻辑，典型地反映了国人的性心态。他把所有男女关系都归结为性关系："凡尼姑，一定与和尚私通；一个女人在外面走，一定想引诱野男人；一男一女在那里讲话，一定要有勾当了。"④ 这些变态心理，均为性蒙昧所致。若对性有了清楚

---

① 蔡尚思、方行编：《谭嗣同全集》下册，中华书局1981年版，第305页。

② 夏丐尊：《鲁迅翁杂记》，载茅盾、巴金等著：《记鲁迅》，人民文学出版社1956年版，第1—2页。

③ 鲁迅：《小杂感》，载《鲁迅选集》第二卷，人民文学出版社1983年版，第409页。

④ 《鲁迅选集》第一卷，人民文学出版社1983年版，第82页。

认识，就不会感到它神秘了，也不会遇事都往那里想了。性交跟吃饭、睡觉一样，都是一种非常自然的生理现象。谭嗣同甚至把它看作"机器之关捩冲荡已耳"。"童而精少，老而闭房，鸟兽方春而交，轮轴缘汽而动。平淡无奇，发于自然，无所谓不乐，自无所谓乐也"①。他觉得，人类生来就有好奇心，把某物深藏箧中不让人见，人们偏偏越想见。性的问题也是一样，对它禁得越深、锁得越严，人就越感神秘而越向往。假使坦然让人明白不过是那么回事，道学家所担忧的很多情形也就不会出现了。"遏之适以流之，通之适以塞之，凡事盖莫不然。"②

在性的神秘感被打破以后，男女交往便可以正常化了。在传统道德支配下，"男女授受不亲"，似有一堵无形的墙，把这两部分人隔开。男女交往仅限于夫妻之间（甚至夫妻的交往也受限制，如公共场合要显得如同路人）。妻子除侍奉丈夫以外，再也不能跟其他男人来往。丈夫虽然可以有多个妻子，但也同样不允许跟妻子以外的人有关系。至于未婚男女的交际，更被视为"伤风败俗"之举。甚至到了 20 世纪初，男女关系仍然处于非常封闭的状态。据许德珩的回忆，为了串联女生一起参加"五四"运动，他和几个男生一起去了女子高等师范学校，两个女生代表和他们在一个大房子里说话，分坐在房子的两头，还有个女学监插在中间，许多话

---

① 蔡尚思、方行编：《谭嗣同全集》下册，中华书局 1981 年版，第 304 页。
② 蔡尚思、方行编：《谭嗣同全集》下册，中华书局 1981 年版，第 305 页。

双方都听不清楚，要靠女学监传达。① 近代道德革命论者极不满于这种男女隔绝的状态。在打破性的神秘感的基础上，他们意识到，男女交往是极为自然的。只要摆脱了性敏感，异性便可像同性一样相处。蔡元培指出：男女关系是多种多样的，起码可以分为三个层次：普通的交际、友谊的关系、恋爱的关系。这些关系有很大的区别，"普通的交际与友谊的关系隔得颇远，友谊的关系与恋爱的关系，那就隔得更远了"②。中国人的错误，在于把所有男女关系都性关系（恋爱关系）化，这是严男女之防的关键原因。明确了男女关系的多样性，便从理论上为男女交往正常化铺平了道路。

男女交往的正常化，必然会引起婚姻道德观的变化。在传统社会里，中国人的婚姻是由"父母之命，媒妁之言"决定的。男女交往的禁止，使绝大多数男女在未婚前没有见面的可能。在这种情况下，婚姻当然不会自主、自由。如果未婚男女有了正常的交往，他们就可以从中相互认识和了解，由普通关系进到友谊关系，再到恋爱婚姻关系。这样，婚姻自主权便回到了年轻人手中。婚姻从不自由到自由的转变，是近代妇女解放的重要成果，也是性道德观变革的一个重要体现。婚姻自由的理论根据，还是人权学说。既然成年儿女是有独立人权的，他们的婚姻大事应该由他们自己决定，父母无权干涉；若干涉了，则是侵犯人权。有人指出："成年子

---

① 见《新体育》1979 年第 5 期。

② 高平叔编：《蔡元培全集》第三卷，中华书局 1984 年版，第 266 页。

女，有自由结约完全能力，所以也有自由订婚完全能力，不受家长一切干涉，也不用待家长的允诺而后有效。"①还有人把婚制与政体联系起来，认为专制婚制（完全由父母做主，子女不得过问）是与君主专制政体相适应的，同意婚制（由父母提出取得儿女同意的）是君主立宪政体的产物，而自由婚制（绝不容许第三者干预的）则是民主共和政体的必然结果。中国在实行了民主共和政体以后，只有自由婚制才是合理的，其他两种婚制都是不合理的②。另外，婚姻自由不仅包括结婚自由，而且还包括离婚自由。当婚姻的基础——爱情已失去时，便可随时离婚。"现在的婚姻……是恋爱的结合，那恋爱就是双方定婚的原因。倘有一道不爱彼道时，尽可随时解婚。"③

中国近代婚姻观的变化还表现为提倡晚婚。中国历来盛行早婚，少男少女十几岁便结为夫妻。近代有识之士力陈早婚的多种害处。梁启超指出，早婚害养生、害传种、害养蒙、害修学、害国计④。《新青年》又说，早婚损精神、伤身体、苦学问、败道德、害国计、弱种族⑤。晚婚就可以避免这些害处。当男女双方在身体发育程度、心理成熟程度、教育程度已足够高，并有一定的经济自立能力以后结婚，就可

① 《五四时期妇女问题文选》，生活·读书·新知三联书店 1981 年版，第 234 页。
② 《五四时期妇女问题文选》，生活·读书·新知三联书店 1981 年版，第 234 页。
③ 《五四时期妇女问题文选》，生活·读书·新知三联书店 1981 年版，第 235 页。
④ 梁启超：《新民议·紧早婚议》。
⑤ 郑佩昂：《说青年早婚之害》，《新青年》第三卷第五号。

以克服早婚的众多弊端。

近代性道德观的变革，最深刻的莫过于片面贞节观的改变。传统贞节观的片面性就在于，它只要求女子（而不同时要求男子）坚守贞节。男子可以有三妻四妾，而女子只能有一个丈夫。男子丧偶，可以续弦；女子失夫，或则守寡一辈子，或则以身殉夫。女子通奸，处置极严，而男子嫖妓，则不受太大的谴责。这种片面的贞节观在"五四"新文化运动中受到猛烈的批判。《新青年》发表的《贞操论》（与谢野晶子著，周作人译）、《贞操问题》（胡适著）、《我之节烈观》（鲁迅著）都是批判旧贞操观的代表作。它们认为，传统贞节观是违背平等公理和人类追求幸福的本性的。从男女平等的公理出发，应该以统一的标准要求男女，妻子忠贞于丈夫，丈夫也要同等地忠贞于妻子。正如胡适指出的："贞操是男女相等的一种态度；乃是双方互交的道德，不是偏于女子一方面的。由这个前提，便生出几条引申的意见：（一）男子对于女子，丈夫对于妻子，也应有贞操的态度；（二）男子做不贞操的行为，如嫖妓纳妾之类，社会上应该用对待不贞操妇女的态度来对待他；（三）妇女对待无贞操的丈夫，没有守贞操的责任；（四）社会法律既不认嫖妓纳妾为不道德，便不该褒扬女子的'节烈贞操'。"① 从人类追求幸福的本性来看，传统贞操观恰好与这种本性相冲突。凡人都想活

①　胡适：《贞操问题》，《新青年》第五卷第一号。

着，烈女以死殉夫，无疑是人生最大的痛苦。活着守节的寡妇，同样也要经受精神和肉体的极大痛苦。假如遇到年轻女子，有人祝愿她将来守节，她一定要发怒，甚至还要遭到她父兄、丈夫的拳打。因此，节烈实际上是谁都不愿意的。它既不利己，也不利人。所以，鲁迅断定：节烈这事是"极难，极苦，不愿身受，然而不利自他，无益社会国家，于人生将来又毫无意义的行为，现在已经失了存在的生命和价值"①。

---

① 鲁迅：《我之节烈观》，载《鲁迅选集》第二卷，人民文学出版社 1983 年版，第 10 页。

## | 偶像的破碎 |

中国传统道德与一个人有不可须臾离之的关系，他就是妇孺皆知的大圣人孔夫子。两千多年来，孔子一直都作为强大而顽固的精神偶像根植于全体国人心灵。他不仅是传统道德的象征，而且是整个传统文化、整个传统中国的象征。近代对传统道德的叛离，导致这一偶像被打碎。这是对民族心灵最大的撞击。

道德革命开始时，曾有人在不打碎孔子偶像的前提下实行道德更新。他们企图改装孔子，使他离脱旧道德而与新道德发生联系。康有为、谭嗣同就是其中的代表。他们认为，作为传统道德化身的孔子，是后人伪造的"假孔子"，而原来的"真孔子"是主张人权、自主、平等的。康有为把伪造孔子的罪过归于汉代的刘歆，而谭嗣同则归罪于荀子。康有为作《新学伪经考》，指明汉以后公认的儒家古文经典是刘歆的伪作。从此，孔子的"微言大义"便被湮灭了。在《孔子托古改制考》中，他又把"真孔子"描绘成不满于据乱世，而向往升平世、太平世的先知。男尊女卑、君尊臣卑等道德规范只适用于据乱世。升平世和太平世的基本道德则是人人独立平等。谭嗣同也同样认为："方孔之初立教也，黜古学，改今制，废君统，变不平等为平等。"①不平等的旧道德并非孔子所主张，只是由于荀子"以'伦常'二字，诬为孔教之精诣"，孔教才变为维护君权、父权的偏倚之教。

经过康有为、谭嗣同等人的改造，孔子的形象确实发生了根本性变化。孔子死后，历代都有人改造孔子。其中汉儒和宋儒的改造是规模最大、最有代表性的两次。在康、谭以前，这些改造的总趋势是使孔子越来越威严、专制、冷酷。而康、谭则逆转了这种趋势，使孔子变得开明、民主、合乎人性。这种转变，自有其重大历史意义。不过，从另一个角度看，他们毕竟没有摆脱延续千年的思维习惯：以孔子之是非为是非。他们千方百计证明自己的道德主张完全符合孔子的教导，唯恐受到"背离孔子"的指责。在他们心目中，孔子是完美无缺的、像宗教之主一样的圣人，而不是有血有肉、难免不足的凡人。他们不敢承认孔子的很多说法已不适应时代的发展，不敢明确地道孔子所未道。由于不能打破孔子这尊堵塞民族思维进步之路的偶像形象，他们无论怎样改造孔子，最终还是被孔子所改造。康有为晚年的落伍，是他

① 蔡尚思、方行编：《谭嗣同全集》下册，中华书局1981年版，第337页。

尊孔逻辑的必然结果。

康有为没有冲破的思想偶像，给他的学生梁启超冲破了。梁于1903年发表的《保教非所以尊孔论》一文，尽弃其师说。他鲜明地指出，把近世新学新理比附孔学，以为它们均由孔子说过，以此证明新学新理的合理性，这种做法是"重诬孔子而益阻人思想自由之路也"的。因为，它将导致以下不可想局面："万一遍索之于四书六经而终无可比附者，则将明知为铁案不易之真理，而亦不敢从矣；万一吾所比附者，有人从而剔之，曰孔子不如是，斯亦不敢不弃之矣。"① 在西方历史上，亚里士多德对其师柏拉图所说的名言——吾爱吾师，吾更爱真理——一直为追求真理的人所推崇。梁启超把这一名言用来对待孔子，指出："吾爱孔子，吾更爱真理。"孔子作为哲学家、教育家，固然值得尊敬，但他不是宗教家，不是无所不知、无所不能的神。若孔子的话不符合真理，或符合真理的话不是孔子所说的，只能取真理而舍孔子。

为了彻底破除对孔子的偶像崇拜，梁启超深刻地看到了孔学与专制政治、专制道德的关系。他认为，孔学是有利于君上，而不利于民众的。因为它"专为君说法，而不为民说法"②，它"严差等，贵秩序，……其所以干七十二君，授

---

① 《辛亥革命前十年间时论选集》第一卷，上册，生活·读书·新知三联书店，第169页。

② 梁启超：《论中国学术思想变迁之大势》，《新民丛报》第十六号。

三千弟子者，大率上天下泽之大义，扶阳抑阴之庸言，于帝
王驭民最为合适，故霸者窃取利用之，以宰制天下"①。孔子
是专制政治和专制道德的护身符，这是他在传统中国所起的
最根本作用。梁启超以后，很多人都认识到了这一点。②

　　正如大家所熟知的，粉碎孔子的偶像之举，到"五四"
新文化运动中达到顶峰。其时，打倒孔家店已成为一股巨大
的社会思潮。先进知识分子几乎都认识到孔子是中国道德保
守势力和其他保守势力的总代表、总后台。男尊女卑、父尊
子卑、君尊臣卑，存天理、去人欲等专制、冷酷、违反人
权、人性的劣德，都是假孔子之言而畅通无阻的。从此，孔
子在人们心目中的地位便极度下跌。昔日的圣人，变成了今
日的罪人。这种转变实在是太大了。经过新文化运动，孔子
这尊强大而顽固的偶像便完全被打碎了。中国人的心灵由此
获得了大解放，同时也因震动太大而经受了巨大的痛苦。当
人们真诚地信仰某一精神偶像时，他们的心灵有所寄托，一
旦偶像破碎，随之而来的必然是严重的失落感。

---

① 梁启超：《论中国学术思想变迁之大势》，《新民丛报》第九号。
② 如有人说："那些民贼为什么这样尊敬孔子？因为孔子专门叫人忠君服从，这
　些话都很有益于君的。"（《辛亥革命前十年间时论选集》第一卷，下册，第
　532页）还有人说："孔丘砌专制政府之基，以荼毒吾同胞者，二千余年矣。"
　（《辛亥革命前十年间时论选集》，第二卷，第208页）在"五四"新文化运
　动中，陈独秀、吴虞、李大钊等人之所以猛烈反孔，主要是因为他们看到孔
　子与专制的密切关系。

## 开民智与新民德

众所周知，"五四"新文化运动高举的两面著名旗帜是科学和民主。科学体现了开民智，而民主则反映了新民德。民德和民智是紧密相连的。民德的更新必须以民智的开启为前提。正如梁启超说的："凡权利之与智慧，相依者也。有一分之智慧，即有一分之权利；有百分之智慧，就有百分之权利……民智不开，人材不足，则人虽假我以权利，亦不能守也。"[1]近代的新民德，简要地说，可以归结为让民众争权利。没有一定的智慧，民众便不能产生权利意识，即使别人给之以权利，他们也不懂得接受和坚持。

在传统中国，"民可使由之，不可使知之"的观念使统治者采取愚民政策。他们千方百计禁锢民众的智慧。毫无疑问，民众越愚昧无知，对统治者越有利。他们尽量不让民众接受教育。假如不得不让民众接受教育的话，也只是给以蒙

---

[1]　李华兴、吴嘉勋编《梁启超选集》，上海人民出版社 1984 年版，第 61 页。

昧主义教育。千年不变的儒家经典，是历代教育的主要内容。它们具有宗教主义的特质，只能被信仰，不能被怀疑；只能被恪守，不能被超越。小孩从几岁开始，即诵读四书五经。如果通过科举考试成为士人，则终身离不开注经、解经、讲经。从儒家经典中，他们学到了什么呢？学到了对僵化传统的迷信和盲从，学到了以忠君服从、尊上卑下为中心的一整套价值观念。因此，他们不会越学越聪明，而只会越学越蒙昧。完全可以说，以儒家经典为主要内容的中国传统教育，完全是蒙昧主义教育。

在传统的"五常"（仁、义、礼、智、信）中，有一项是智，这是否意味着注重智呢？必须看到，这里的智远不是近代意义上的民智。按照孟子的解释，智是一种是非之心 ①。在古代中国，是非不是以"真理""理性"为衡的，而是以圣贤遗训（即儒家经典）为衡的。与之相符者为是，违之者为非，这已成历代公认的标准。打倒论敌的最基本、最有效的方法，是指责对方违背圣贤教导。与此相应，证明自我持论的正确性，其最基本、最有效的方法，是千方百计说明它符合圣贤遗训。因此，"五常"中的"智"，至多只是对儒家经典理解的"智"，而不是建立在个人独立思考基础上的，摒弃谬误、追求真理的"智"。传统的"智"，就其不能摆脱对儒家经典的迷信而言，是蒙昧主义的一种体现。

---

① 《孟子·公孙丑上》。

　　针对传统的蒙昧主义，近代维新派最先提出"开民智"的口号。严复把"开民智"与"鼓民力""新民德"相提并论，以此三者作为改造国民的基本方法。在戊戌维新运动期间，开民智的具体措施是废八股、兴学校。

　　八股取士是科举制度的产物，自明至清延续六七百年。八股文是一种奇特的文体，每篇文章都由破题、承题、起讲、入手、起股、中股、后股和束股八个部分组成，不得增减。为了通过科举考试，士人从小到大都埋头于这种文体的练习之中。可以想象，接受这种僵化、死板、单调的文体训练的人，其智慧该受到何种程度的禁锢！难怪康有为在上书光绪皇帝时尖锐地指出："吾之教民，自非角以至壮岁，束缚于八股帖括之中，若惟恐其民之不愚也者。是与自缚倒戈，何以异哉？"①

　　废八股，是为了兴学校；兴学校，是为了摆脱旧的教育内容和方法，用西方近代科学知识开启民众的智慧。严复指出：与中国旧教育导致迷信和盲从截然不同，西方近代教育使学生"自竭其耳目，自致其心思，贵自得而贱因人，喜善疑而慎信古"。数学、逻辑学等，教人的"致思穷理之术"；物理学、化学等，则教人的"观物察变之方"②，以科学来代替经学，是中国近代教育的大趋势。反复出现的、深得保守

---

① 《清改八股为策论折》，汤志钧编：《康有为政论集》上册，中华书局 1981 年版，第 264 页。

② 严复：《原强》。

势力支持的尊孔读经论调，并不能从根本上逆转这一趋势。

近代先进的中国人几乎都很推崇西方科学。因为，他们认识到，西方科学不仅可带来物质上的、经济上的易见的利益，而且可以带来一种中国素来缺乏的、不易见的精神。这种精神主要就是怀疑、思考的精神。在传统中国，对圣人及其经典的极端迷信和盲从，使人们失去了怀疑、思考的能力。他们"不自有其耳目，而以古人之耳目为耳目；不自有其心思，而以古人之心思"①。西方中世纪由于对基督教的迷信，也存在与此相似的情形。但文艺复兴以后，随着近代科学的兴起，怀疑和思考便代替了迷信。被梁启超称为近世文明初祖的培根和笛卡儿分别用个人的经验和理性审视一切。"培氏（指培根）之意，以为无论大圣鸿哲谁某之所说，苟非验诸实物而有征者，吾弗屑从也。笛氏之意，以为无论大圣鸿哲谁某之所说，苟非返诸本心而悉安者，吾不敢信也。"②培根和笛卡儿的这两种精神，都是作为对"大圣鸿哲"的迷信的对立面而出现的。它们是西方科学发生、发展的重要动因，是西方近代文明的重要支柱。

怀疑和思考带来了一种全新的道德。这种道德是理性主义的。它和蒙昧主义的道德截然不同。王星拱指出："从前人把盲信当作道德，科学家把怀疑当作道德。因为怀疑才研究，因为研究才有真是非（就是真实的错误），我们的行

---

① 梁启超：《近世文明初祖二大家之学经》，《新民丛报》第二号。
② 梁启超：《近世文明初祖二大家之学经》，《新民丛报》第二号。

为才有标准。所以科学的道德观，要能辨别是非（就是善恶）。"① 这里说的辨别是非，跟孟子解释"智"时所说的"是非之心"，当然是迥然而异的。因为，这里的辨别是非，是建立在怀疑、研究的基础上，而孟子的"是非之心"却无此基础。在中国传统道德已不适应时代发展而其威力又非常强大的情况下，怀疑具有特别重要的意义。当然，怀疑只是起点，而不是终点。在怀疑后，经过思考、研究，最终得出新的结论，这样怀疑才有结果。怀疑旧道德，无非是为了建立新道德。

科学追求真，道德向往善。如果科学和道德都以怀疑、思考、研究作为基本方法，那么，真和善就变得一致了。西方古代哲人苏格拉底说，"知识就是道德"；近代科学家说，"真就是善"，这些都说明了真善的统一。在近代中国，真善的统一，也就是民智和民德的统一。

---

① 王星拱：《科学的起源和效果》，《新青年》第七卷第一号。

## 礼法会一的解体

　　道德和法律都是协调人与人之间的关系的社会规范，两者有密切的关系。在古代中国，道德和法律更是浑然一体。礼就是法，法就是礼，故"礼法"一词经常出现。《唐律》视为罪大恶极的"十恶"是：谋反、谋大逆、谋叛、恶道、不道、大不敬、不孝、不睦、不义、内乱。其中，关于家庭伦常的就占了一半，前面几条具有政治意义，但也都在礼的范围之内。因此，合礼就是合法，违礼就是犯法。由于中国古代道德是排斥权利的，中国古代法律同样也没有权利观念。它只是禁止人们不能做什么，而不提倡人们应该做什么；它只有刑罚意识，而没有人权精神。正如严复指出的："专职之国，其立法也，塞奸之事九，而善国利民之事一"①，"中国法家之思想凡律所以刑罚人而非所以保民者也"②。跟君尊臣卑、父尊子卑的道德观相一致，中国古代法

① 严复译：《法意》卷十一"按语"。
② 严复译：《社会通诠》"按语"。

律还把君臣、父子的不平等视为当然。对同一行为，要根据不同的身份来确定是否犯罪或犯罪程度的高低。如父责子根本不算犯罪，而子骂父甚至要判绞刑。难怪有人把中国古代法称为利于尊上而不利于卑下的"特权法"。

到了近代，随着道德革命的展开，法律观念也发生了根本性变化。近代道德、法律观念变化的总趋势都是一致的，即它们都以"限抑—防范型"转为"权利—弘扬型"。旧道德和旧法律都以限制个人权利为目的；而新道德、新法律则以维护个人权利为宗旨。独立、自由、平等诸项，是新道德的主要规范，同时也是新法律的基本原则。不同只在于，作为道德规范，它们没有强制性；而作为法律原则，它们则具有强制性。道德靠个人良心和社会舆论来维持，其作用毕竟是有限的。当一些人硬要侵犯另一些人的权利时，光用没有强制性的道德来谴责他们就远远不够了。必须对之施以强制性的法律制裁，方能有效地保证个人权利的无损。

近代先进的中国人正是千方百计地把权利精神灌注于法律之中的。辛亥革命前，就有人指出："德意志硕儒莱布尼紫曰：'法律学者，权利学者也。'旨哉言乎！权利之表为法律，法律之里即权利，不可分而二之者也。"①辛亥革命后公布的中国历史上第一个宪法《中华民国临时约法》更充分、更具体地体现了权利精神。它明确地规定："中华民国人民，

---

① 《辛亥革命前十年间时论选集》第一卷，上册，生活·读书·新知三联书店1960年版，第480—481页。

一律平等，无种族、阶级、宗教之区别"，"人民有言论、著作、行刑及集会、结社之自由"，"人民之身体，非依法律，不得逮捕、拘禁、审问、处罚"。这些规定虽然当时在相当大的程度上没有于实践中实行，但规定本身就是具有重大历史意义的。中国历史上以前从没有过这样肯定人权的法律。《中华民国临时约法》的公布，标志着中国法律的根本性转向。

《中华民国临时约法》关于人人平等的规定，尤其值得我们注意。它意味着"刑不上大夫"、以身份论罪的不平等的旧律已不适用。如果谁触犯了法律，不管他是至尊的"大人"，还是至卑的"小人"，都必须按同一标准定罪。这种法律上的人人平等，是道德人格平等的必要保证。

道德和法律虽然有密切的关系，但也有不容忽视的区别。中国传统道德融于礼之中，失去应有的独立性。于是，道德取代了法律。针对这种倾向，近代有识之士要求不能把道德和法律混为一谈：触犯法律为犯罪，违礼不算犯罪；道德的标准可定得很高（如至善之类），法律的标准则不能太高，正如严复说的，"至于小己之所为，苟无涉于人事，虽不必善，固可自由，法律之所禁，皆其事之害人者"；① 道德可以对个人私生活提出各种要求，法律则不能干涉个人私生活。

--------

① 严复译：《法意》卷十九"按语"。

违绕着是否要把道德和法律区分开来的问题，在期末修订法律时爆发了一场礼教派和法理派的尖锐斗争。

1902 年至 1911 年，清政府为形势所迫，在厉行"新政"和"德行立宪"的名义下，进行了一次修律活动。对于如何修律，以沈家本为首的法理派和以张之洞、劳乃宣为首的离教派有着对立的看法。前者企图用西方法治精神改造中国长期盛行的礼法不分传统，在新法律中删掉若干有关礼教的内容；后者则坚持礼法合一，要把旧礼容于新律之中。礼教派认为，大清律中与伦常有关的诸条，如"干名犯义""犯罪存留养亲""亲属相奸""亲属相盗""亲属相殴""故杀子孙""杀有服卑幼""妻殴夫夫殴妻""发塚""犯奸""子孙违犯教令"等，都要按照家族伦理的惯例继续列于新法律之中。法理派则主张，新法律不同于旧礼教，亲属间相犯，要和普通人相犯一样处置，尊者犯罪，要处以与卑者一样的刑罚。特别是，他们强调，"无夫妇女通奸"和"子孙违犯教令"就两条，只属于道德风化问题，不属于法律问题，故不应列入刑律，不能定为有罪。

打破礼法合一的传统，把道德和法律分开，具有重大的历史意义，这是中国走出中世纪的必要条件。同时，也要看到，它确实又会引起民心之不适和社会秩序的混乱。例如，如果某人未婚之女与人通奸，父亲很气愤，把女儿杀了。依照旧律，奸夫要给这个未婚之女抵命，父亲没有罪。但按新律规定，则正好相反，奸夫没有罪，父亲要依杀人罪而处死刑。如果真发生了这样的案件，按新律处断，其后果必然是"万众哗然，激为暴动"①。这一例子是礼教派代表劳乃宣为认证无夫妇女通奸有罪而提出来的。尽管他的礼法合一之立场不可取，但他提出来的问题却不能不引起法理派的思考②。这例子还说明，要民众明白道德和法律有区别的道理，是多么的困难。时隔大半个世纪，到了 20 世纪 80 年代，关于通奸是否有罪，仍不能有统一的看法。前几年，基于对第三者插足破坏家庭稳定的义愤，有不少人民代表要求确认通奸罪，制定惩办第三者的法律。在我们这个特别强调风化的古老民族，要一致承认通奸无罪（法律上的罪）确实是太困难了！

①　见张国华、饶鑫贤主编：《中国法律思想史纲》下，甘肃人民出版社 1984 年版，第 469 页。

②　时至 20 世纪 40 年代，费孝通在研究乡土中国从礼治社会转向法治社会时，也说到了与此相似的例子："有个人因妻子偷了汉子打伤了奸夫。在乡间这是理直气壮的，但是和奸没有罪，何况又没有证据，殴伤却有罪。那位县长问我：他该怎么判好呢？他更明白，如果是善良的乡下人，自己知道做了坏事绝不会到衙门里来的。这些凭借一点法律知识的败类，却会在乡间为非作恶起来，法律还要去保护他。……现行的司法制度在乡间发生了很特殊的副作用，它破坏了原有的礼治秩序，但并不能有效的建立起法治秩序。法治秩序的建立不能单靠制定若干法律条文和设立若干法庭，重要的还得看人民怎样去应用这些设备。更进一步，在社会结构和思想观念上还得先有一番改革。"（《乡土中国》，生活·读书·新知三联书店 1985 年版，第 58—59 页）

## 发现旧道德的新意义

近代道德革命论者对传统道德的态度不是情绪性的，而是理智性的。他们在猛烈地批判了传统道德的落后面以后，又清醒、认真地挖掘其中有价值的东西，发现其新意义。

虽然传统道德主要是儒家道德，但也包含其他道德。后者是以非正统的面目出现的。近代道德革命论者很注重这些非正统道德。墨家、道家、佛教的某些道德都受到很多人的赞赏。

墨学自秦汉后沉寂了两千多年，但到近代却复兴了。先进知识分子几乎都众口一词地肯定它。为什么会出现这种情况？关键在于，墨家富有博爱、平等、功利等精神。墨子主张："视人之国若视其国，视人之家若视其家，视人之身若视其身。……天下之人皆相爱，强不执弱，众不劫寡，富不侮贫，贵不傲贱，诈不欺愚。"①从此不仅可见其博爱，也

———————————

① 《墨子·兼爱中》。

可见其平等（富贵贫贱一律平等相待）。郭嵩焘早就把墨子的兼爱比之基督教的博爱："（耶稣）为教主于爱人，其言曰'视人犹己'，即墨氏兼爱之旨也。"①梁启超在《子墨子学说》一文中分别用两节来论述他的功利主义（实利主义）和兼爱主义②，颇多美词。梁启超同样把墨子的兼爱与基督教的博爱相类比，并且还把其功利主义与英国边沁、穆尔的功利主义相类比。后来，胡适、冯友兰在修中国哲学史时，也很重视墨子的功利、兼爱思想。

杨朱学派是道家的一个特殊分支。它以主张为我主义而著名。对这种历来受到非议的杨朱为我主义，梁启超做出了新的理解：强调为我，亦即强调个人权利；为我主义就是权利主义。他说："昔中国杨朱以'为我'立教，曰：'人人不拔一毫，人人不利天下，天下治矣。'吾昔甚疑其言，甚恶其言，及观英德诸国哲学大家之书，其所标名义与杨朱吻合者，不一而足；而其理论之完备，实有足以助人群之发达，进国民之文明者。盖西国政治之基础，在于民权，而民权之巩固，由于国民竞争权利，寸步不肯稍让，即以人人不拔一毫之心以自利者利天下。观于此，然后知中国人号称利己心重者，实则非真利己也。苟其真利己，何以他人剥夺己之权利，握制己之生命，而恬然安之，恬然让之，曾不以为意也？故今日不独发明墨翟之学足以救中国，即发明

---

① 参见钟叔河：《走向世界》，中华书局 1986 年版，第 223 页。

② 见《新民丛报》第五十号、第五十二号。

杨朱之学亦足以救中国。"①梁启超对杨朱为我主义的这种新解，是非常独特、富于创见的。

佛教本来不是在中国本土产生的，它从印度传进来以后，经过中国化，成了中国传统文化的一部分。佛教的出世观、老庄的厌世观结合在一起，无疑对中国人独特的消极避世哲学产生重要影响。不过，佛教某种程度的独立、平等精神，又给中国人以积极的思想养料。近代不少先进的中国人，之所以看重佛教，正是因为这一点。例如，有人认为，佛教"恒河沙界，唯我独尊"的说法充分体现了独立自由的真谛："佛说：'恒河沙界，唯我独尊'，此自由独立之真谛，建诸天地而不悖也。于万世之中而有我之一生，于百年之中而有现在之一日，横尽虚空，山河大地，一无可恃，而可恃唯我。"②佛教以世界之虚而衬托我之有，这固然不实在，但以此警醒丧失自我意识的人，毕竟是有作用的。佛教的平等意识，更受人赞赏。谭嗣同把佛教的平等纳入其思想体系之中。贯穿于他的《仁学》中的"仁—通—平等"的公式，与佛教的"众生平等，诸法平等"有密切的关系。谭嗣同指出："异同泯，则平等出；至于平等，则洞澈彼此，一尘不隔，为通人我之极致矣。"③佛教的平等，是建立在泯灭一切差别

---

① 李华兴、吴嘉勋编：《梁启超选集》，上海人民出版社 1984 年版，第 162 页。
② 《辛亥革命前十年间时论选集》第一卷，上册，生活·读书·新知三联书店 1960 年版，第 403 页。
③ 蔡尚思、方形编：《谭嗣同全集》下册，中华书局 1981 年版，第 65 页。

的基础之上的。谭嗣同追求的理想上的平等，也是这样。这种平等观虽然不现实，但在中国特殊的历史条件下，它对建立现实的平等又有某种催化作用。

上述非正统道德，本来就是与正统的儒家道德对立的。因此，近代儒家道德的叛逆者重视它们是很自然的。现在的问题是，对于正统的儒家道德，叛逆者到底叛逆到什么程度？他们除了猛烈的批判以外，是否还从中鉴别出一些有价值的东西？

答案应该是肯定的。可以用好些例子来说明。

严复认为，儒家的"恕""絜矩"，类似于西方的自由。他说："中国理道与西法自由最相似者，曰恕，曰絜矩。"①西方的自由观要求，个人追求自由，不仅不能侵犯他人自由，而且要帮助他人实现自由，这就相当于儒家的"己所不欲，勿施于人"，"己欲立而立人，己欲达而达人"。严复以主张自由著名，在处理个人自由和他人自由的关系时，他是很强调"恕""絜矩"的作用的。

谭嗣同认为，"五伦"中虽然有"三伦"（君臣、父子、夫妇）"如地狱"，但"朋友"一伦则很可取。因为它体现了平等、自由，不失自主之权等精神。他说："五伦中于人生最无弊而有益，无纤毫之苦，有淡水之乐，其惟朋友乎。顾择交何如耳，所以者何？一曰'平等'；二曰'自由'；三曰'节

---

① 严复：《论世变之亟》。

谭嗣同

宣惟意'。总括其义，曰不失自主之权而已矣。"至于兄弟一伦，虽不如朋友之伦好，但也跟它接近①。

就连"五四"时期反孔最激的陈独秀，也承认："记者之非孔，非谓其温良恭俭让、信义廉耻诸德及忠恕之道不足取；不过谓此等道德名词，乃世界普通实践道德，不认为孔教自矜独有者耳。"②孔子道德中包含有人类公认的道德，它们当然是有价值的。只不过因为这些道德在世界上其他民族、其他哲人中也同样具有，不为孔子所独特，所以不必因此而把孔子抬到过去那种吓人的高度。

从以上例子可见，对于儒家道德，近代道德革命论者是有分析态度的。他们在猛烈批判它剥夺人权、敌视人性、违反公理等弊端的同时，对其中有价值的东西，要用自由、平等、博爱等观念加以新的阐释，把它们与人类共同的道德联系起来，让它们继续发挥作用。

---

① 蔡尚思、方行编：《谭嗣同全集》下册，中华书局1981年版，第349—350页。
② 《陈独秀文章选编》上，生活·读书·新知三联书店1984年版，第222页。

## 中国道德的重建

旧的道德体系被打破以后，需要重建新的道德体系。

建立新道德体系的最高标准，是中华民族的发展、进步。凡有利于中华民族发展、进步的道德，不管它们多么具有"异端"色彩，都在倡导之列；凡不利于中华民族发展、进步的道德，无论它们曾经多么"神圣"，均入禁止之属。我们在前文反复引述过的梁启超名言"有益于群者为善，无益于群者为恶"，它所说的正是这个意思。

在欧美率先进入工业文明社会以后，还处于农业社会的中国，在各方面都落后了。因此，向西方学习是近代中国人一定要走的路。在道德方面也是如此。这就意味着：中国道德的重建，必须以西方近代道德为参照系。

西方近代道德是以个人为本位的，而中国传统道德则是以家庭为本位。正如陈独秀说的："西洋民族以个人为本位，东洋民族以家庭为本位。"① 因此，中国近代道德的重建，其

---

① 《陈独秀文章选编》上，生活·读书·新知三联书店1984年版，第98页。

中心任务是：在打碎家族本位的旧道德以后，建立个人本位的新道德。个人，是新道德的出发点，也是归着点。独立、自由、平等、人权、个人利益等，都是个人本位的具体体现。它们是建设新道德大厦的基石和大梁。

个人本位只是对个人的充分尊重、充分肯定，并不意味着放弃对他人和社会的责任。毋宁说，尊重他人和社会是个人得到尊重的前提。因此，近代中国道德的重建，还包括确立博爱观念和公德观念。博爱和公德也是家族本位道德所没有的。它们得以确立，同样以打碎家族本位主义为前提。

因此，为了取代家族伦理，近代道德重建面临双重任务：尊重个人（针对旧道德敌视个人而言）和尊重社会（针对旧道德有家无国而言）。这两重任务是交叉在一起的。尊重每一个人，等于尊重整个社会；而要尊重整个社会，又离不开尊重每一个人。新道德的宗旨，就在于追求个人和社会的协调、和谐发展。

中国道路的重建，要靠引进、移植西方近代道德，同时，又不能忽略对自身原有道德的承接、改造。作为一个过时的体系，传统道德当然要打碎，但在体系被打碎以后，其中一些确有保留价值的因素又不可轻易抛掉。事实上，恕、信、仁爱等传统规范，在近代一直都受到道德革命论者的重视。它们与西方道德精神是一致的，完全可以和平等、博爱等观念结合在一起。这种结合，有利于中国道德的重建。因为，近代史表明，中国人最高兴看到自己的观念在别的民族中也同样存在，最易于接受跟自己原有观念相符的新观念。对于一个文化传统如此悠久、深厚的民族来说，这是不难理解的。

这样，中国道德的重建便出现两条路：一是纯粹移植西方近代道德，二是中西道德结合。这两条路的差异是很大的，所导致的结果也很不相同。走第一条路可以比较彻底地摆脱传统道德的痼疾，但由于完全脱离本民族的有很强影响力的传统，必然会遇到非常大的阻力。胡适、陈独秀等全盘西化派试图走这条路，结果是走不通的。他们的勇气值得赞赏，他们的前所未有的宣传也确实起到了振聋发聩的作用，但全盘西化在实践中不可行毕竟是事实。跟第一条路相比，第二条路理论上比较合理，所遇到的阻力也会比较小。但问题在于，中西道德的结合有可能导致掩盖中国传统道德的缺陷，助长民主自大的惯性：西方道德有什么了不起，我早已有了！而且，在中国传统中找不到跟西方相似的道德时，走这条路还很可能导致拒斥这些西方道德。例如，中国正统道德（儒家道德）中确实没有个人主义精神，而非正统道德（老庄、佛教道德）中的个人主义又是病态的（假如追求避世、出世的自由算是一种特殊的个人主义的话）。在这种情况下，如何把健康的西方个人主义道德与中国道德相结合呢？

这样，这两条路似乎都很难走。中国道德的重建便陷入了两难：把传统抛在一边，传统不允许；把传统归入新体系中，后者有可能被强大而顽固的传统同化。历史的发展就是充满二律背反的。也许，我们只好服从这个捉弄人类理性的规律，承认道德的重建既要摆脱传统，又要承接传统。或者说，既要走纯粹移植西方道德之路，又要走中西道德结合之路。当某种西方道德很有价值，而又与中国传统道德格格不入时，我们只能走第一条路。当某些中国传统道德确有可跟西方道德结合的可能时，我们可以走第二条路。事实上，在近代中国，这两条路都有人走，甚至同一个人也会走两条路。例如，全盘西化的著名代表胡适也是整理国故的得力人物。对传统的正确态度应该是，不要迁就、屈从传统，而要选择、改造传统。

# "叛臣"和"逆子"

道德不是纯理论的，它具有强烈的实践性。道德革命的理论宣传者同时也是它的实践者。看一看他们如何把道德革命的理论化为实际行动以及其他人如何在这种理论的感召下改变行为方式，将会有助于我们更深刻地理解这场革命。

近代中国精英——先进知识分子不仅是理论上反对君权、父权的先锋，而且也率先在实际行动中背叛它们。由此产生了一批又一批"叛臣"和"逆子"。

如果说，谭嗣同在《仁学》中痛骂专制君主，而在实践中又不得不依靠光绪皇帝，这体现了理论和实践的冲突的话，那么，辛亥革命战士推翻帝制的英勇行为，则宣告了这种冲突的消解。虽然他们的反清举动带有浓厚的大汉族主义色彩，但其矛头所指，毕竟是延续几千年的君主专制制度。他们与历代的农民起义英雄不同。后者只反"暴君"，而不反"仁君"；前者则反对任何专制君主。后者若造反成功，还要推举出新皇帝；前者则以根绝帝制，建立共和国为鹄的。有人把辛亥革命称为"秀才造反"，以之区别于以前的"农民造反"。这是很确切的。因为，辛亥革命的发起者和领导者确实是一班"秀才"。其中，起关键作用的是留日学生。农民造反导因于最基本的生存需要不能满足，是饥饿促使他们造反。而对于近代的"秀才"们来说，饥饿并不是其革命的直接动因。他们是在接受了西方民主观念后，基于对专制主义的不满而起来革命的。当然，反满的民族情绪也起了相当大的作用。请看"革命军中马前卒"邹容对革命目的的说明："扫除数千年种种之专制政体，脱去数千年种种之奴隶性质，诛绝五百万有奇被毛戴角之满洲种，洗尽二百六十年残惨虐酷之大耻辱，使中国大陆成干净土，黄帝子孙皆华盛顿。"①对专制的愤恨和对清政府的仇视浑然一体。秀才们开始时的反满情绪的确是很过激的，但他们在真正起来革命后，并无与整个满族为敌，而只与专制政体为敌。临时政府成立后，还提出了包括满族在内的"五族共和"的政治主张。可见，推翻专制政体，否定君权，实现独立、自主，才是他们革命的主要目的。满族人当皇帝，他们当时反对；汉族人当皇帝，他们也同样反对。袁世凯后来想称帝，结果激起了他们的强烈反抗。

在传统中国，君权是以父权为基础的。因此，忠臣必为孝子。近代的"叛臣"，同时也是"逆子"。他们离家到万里

---

① 邹容：《革命军》，载《辛亥革命前十年间时论选集》第一卷，下册，第651页。

之外的异邦求学，直接违背了"父母在，不远游"的古训。他们外出留学，虽然不令开明父者的支持，但也遭到很多顽固父者的反对。不少青年是冲破父权的重重阻力，才得以出洋的，如著名革命家邹容就是如此①。进入20世纪后，留学生越来越多，先是集中在日本，接着分布于欧美各地。留学生的增多，意味着父权束缚的减少，"逆子"的增多。

反对君权当"叛臣"，随时有杀身之祸；背离父权为"逆子"，同样也会遇到很多风险。例如，吴虞从日本留学回来以后，因不满其父的淫威而与他对抗，最后闹得对簿公堂。虽然经官审断，输理的是他父亲，但他还是遭到旧礼教坚持者的一致责难。"吴虞为了辩白是非，油印了一篇《家庭苦趣》，散发各学堂。这下，吴虞又犯了家丑外扬罪"②，此举当然更为旧势力所不容。结果，他被逐出教育界，清政府还要下令逮捕他。吴虞逃到乡下亲戚家中避难才得以幸免。这段经历，使他深切地体会到孔孟之道和家族制度的害处。在新文化运动中，吴虞之所以成为"只手打倒孔家店的老英雄"，这应该是与他的个人遭遇有关的。

从吴虞的遭遇可见，做一个旧道德的叛逆者是多么不容易！

当然，我们还应该看到，反对父权和家庭专制不能简单地归结为这辈人的反。在"五四"前后，确有一些过激的青

① 见《中国近代著名哲学家评传》下册，齐鲁书社1983年版，第5页。
② 赵清、郑城编：《吴虞文录》"序言"，亚东图书馆1927年版，第4页。

吴虞

年有这种倾向。对此，顾诚吾指出："这种人专在形式上着手，目光所注，过分短浅。因为家庭的坏处，乃是坏在制造家庭的模型。这模型是自古积累而成的。至于我们所见证者辈，也是被这'积恶因'的古人，矫揉造作，拿向模型里铸造过了，他们不能担当'这恶果的责任'，并且他们又是很苦。"[1] 近代的"逆子"，只是"逆"旧道德，而不是专门、故意"逆"父辈。父辈不是敌人，只有那铸造专制父辈的旧模型才是敌人。把矛头从个别的人转向普遍的制度，这样才能刺中要害。不过，问题的复杂性就在于，由于"天下无不是的父母"这种顽固观念的作用，儿辈只能绝对地服从父辈，根本不能与之自由、平等地对话、交流、说理（这些做法本身就是"大逆不道"的）。而且，有些老辈人确实太固执、专横了。在这种情况下，接受新观念的儿辈便难免与父辈发生正面冲突。吴虞与父亲的对抗，正属此类。"五四"以后，很多青年脱离家庭，走上与父辈分道扬镳的道路，这大概是不得已而为之的。他们想必是经过相当多的和平努力而不见效后，才不得不这样做的。

　　下面就要看到，儿辈与父辈最容易、最经常发生冲突的地方，是在他们的"终身大事"——婚姻问题上。

---

① 顾诚吾：《我对于旧家庭的感想》，《新潮》第一卷第二号。

## 女子解放的艰难实践

提出女子解放的理论，已经很不容易；要实行起来，困难就更大了。

在近代女子解放的实践中，最富有意义的成就是女学的兴办、女子参与政治活动和旧式婚姻的变革。

中国近代的女子学校，最先是由外国教会创办的。随着维新运动的兴起，国人自己主办的第一所女学——经正女学于1898年在上海诞生。"从经正女学开始到辛亥革命前夕，兴办女学成为当时一种最高尚的事业。不少仁人志士毁家兴学，甚至以身殉学。兴女学终于蔚然成风。"①更有女子漂洋过海，东渡日本留学。1906年，留日女生已有100人左右②。辛亥革命后，南京临时政府教育部公布的章程规定，

① 荣铁生：《辛亥革命前后的中国妇女大运动》，载《辛亥革命七十周年学术讨论会论文集》，中华书局1983年版，第653—654页。
② 荣铁生：《辛亥革命前后的中国妇女大运动》，载《辛亥革命七十周年学术讨论会论文集》，中华书局1983年版，第656页。

小学可以男女同校。1920 年，蔡元培主持的北京大学首开"女禁"，招收了九名旁听女生。接着，上海、天津、四川、广州等地的大、中学也开始招收女生，实行男女同校。

男女同校，在当时激起了很大的风波。四川曾有人对此做如此卑劣的评论："既可同板凳而坐，安可不同床而觉，什么男女同校，明明是送子娘娘庙。"① 蔡元培在北大开"女禁"，更为当时的北京政府所痛恨。他曾记其事说："这时候张作霖、曹锟等，深不以我为然，尤对于北大男女同学一点，引为口实。"② 正是为了缓和与他们的冲突，蔡元培才不得不于 1920 年 11 月出国考察教育和学术。

女子参政，是从留日女生开始的。著名革命家秋瑾的英勇事迹，早已为人所知。辛亥革命时，有不少女子到前线参加救助工作，甚至要求直接参战。南京临时政府成立时，孙中山曾表示男女应一律平等参政。但在受到章太炎的激烈反对后，孙中山又不得不退让。结果，《中华民国临时约法》中竟没有男女平等的条文。随后，袁世凯公布的参众两院选举法则明文规定："中华民国国籍之男子……"始有选举权。辛亥革命的失败，使女子参政问题得不到解决。"五四"运动后，女子参政活动重新兴起。1921 年，广东妇女为要求与男子同等的选举权和被选举权而举行示威；北京妇女为争

---

① 《五四运动回忆录》下，中国社会科学出版社 1979 年版，第 882 页。
② 蔡元培：《自写年谱》，转引自周天度《蔡元培传》，人民出版社 1984 年版，第 219 页。

取宪法上增加男女平等的条款进行斗争，各地响应，声势颇
为浩大。

女子争取婚姻自主，同样遇到很大阻力。但觉醒了的新
女性勇敢地冲破层层阻力，演出了一幕又一幕令我们感动不
已的悲剧和喜剧。

长沙赵五贞女士于 1919 年演的是悲剧。经父母包办，
她被许配给开古董店的吴凤林。吴年大貌丑，赵不同意这桩
婚事。但父母却坚持之。于是，悲剧便在新娘出嫁那天发
生了：赵女士在轿中用剃刀自刎！被发现时，她已倒在血泊
中，虽然尚有一点气息，但待送至医院时，她终于带着人间
的幽怨死去了①。这件"血染长沙的惨事"对湖南各界人士
震动很大。毛泽东指出："这件事背后，是婚姻制度的腐败，
社会制度的黑暗，意想的不能独立，恋爱不能自由。"正是
社会、母家、夫家这三面铁网的紧围，才导致赵女士自杀
的②。

更多人演的是喜剧。试看向警予、郭隆真对旧式婚姻的
反抗方式。

向警予是湘西人。驻扎在当地的湘西镇守副使第五区司
令周则范欲娶她为妻，她的后母也逼她去做"将军夫人"。
为表示对此婚姻的不满，向警予只身闯进周公馆，当面向周
表示："以身许国，终身不婚。"后来，她与蔡和森一起去法

① 见彭明：《五四运动史》，人民出版社 1984 年版，第 640 页。
② 毛泽东：《对赵女士自杀的批评》，长沙《大公报》1919 年 11 月 16 日。

赵五贞

向警予

国勤工俭学，经自由恋爱而结婚。消息传到家乡，她的后母虽然讽刺说："现成的'将军夫人'不做，却去找个磨豆腐的（当时传说蔡和森在巴黎豆腐公司磨豆腐），真没出息！"但也无可奈何①。

郭隆真在年幼时，由家庭做主，与一个财主的独生子订了婚，但她一直反对这门婚事。为了躲婚，她长期住校，假期也不回家。1917 年暑假，家里以"母病危"骗她回家结婚。当发现被骗后，她以另一种方式回敬。她表面上同意出嫁，但坐轿到男家后，却"向新郎和客人们发表演讲，揭露封建婚姻葬送青年幸福的罪恶，宣传自由婚姻的好处，然后理直气壮离开男家，坐船到天津上学去了"②。郭隆真太洒脱了！

还有很多有趣的抗婚喜剧，甚至有"由茅坑里逃走"以摆脱旧式婚姻的③。虽然旧的势力还很大，但在"五四"新文化运动以后，越来越多接受了新教育的女性陆续摆脱包办婚姻，走上恋爱自由、婚姻自由的道路。

当然，婚姻自由的确立，不仅仅是女子艰苦斗争的结果，没有男子的协作，它是不会实现的。在这方面，男子也做了很多值得钦佩的事。蔡元培早在 1900 年之举就是一例。当年，他的原配夫人病故后，帮他做媒续弦的人不少。为

---

① 彭明：《五四运动史》，人民出版社 1984 年版，第 644 页。
② 罗琼：《五四运动为妇女解放开创了新纪元》，载《纪念五四运动六十周年学术讨论会论文选》一，中国社会科学出版社 1980 年版，第 237 页。
③ 见《五四运动回忆录》下，中国社会科学出版社 1979 年版，第 1020 页。

郭隆真

此，蔡元培提出了震惊世俗的五项择偶条件："（一）女子须不缠足者；（二）须识字者；（三）男子不娶妾；（四）男子死后，女子可改嫁；（五）夫妇如不合，可离婚。"① 这些条件，特别是最后两条，吓跑了不少媒人。第四条体现了对女子前所未有的尊重，意味着对于片面贞节观的背叛；第五条则把婚姻建立在双方自愿的基础之上。一年以后，江西一女黄仲玉接受了这些条件，与蔡元培订婚。蔡的勇敢举动，为很多男子提供了榜样。

---

① 周天度：《蔡元培传》，人民出版社1984年版，第9页。

## | 社会习俗的革新 |

在近代中国，女子的裹脚布、男子的长辫，这些被道学家视为"国粹"的"宝物"，实际上是民族耻辱的明显标志、民德低劣的突出体现。长辫就曾被外国人蔑称为"豚尾"。女子缠足之酷刑是对女子的奴役，而留长辫则是男子接受别人奴役的结果。后者本来不是汉族风俗，是清兵入关后在"留发不留头"的野蛮政策下强迫推行的。令我们感到不可思议的是，如此害怕"以夷变夏"的民族，为什么居然接受了这种"夷俗"，并且坚持得这样牢固？

近代民族的革新，最早是从废女子缠足开始的。1884年，康有为在其家乡广东南海县发起了一个"不裹足会"，带头从自己的女儿、侄女做起。在戊戌维新运动中，维新派把废裹足作为一件大事来抓。康有为上书光绪皇帝，痛陈缠足之弊，要求下诏严禁裹足，违者重罚①。梁启超、谭嗣同在上

---

① 见《清禁妇女裹足折》，载汤志钧编：《康有为政论集》上册，中华书局1981年版，第335—337页。

海成立了不缠足总会。有"小法兰西"之称的湖南省，在这方面更是搞得轰轰烈烈。自维新运动以后，不缠足之风吹遍全国。

如果说，在改造民族方面，维新运动的主要成绩是废裹足，那么，辛亥革命的最突出贡献则是剪长辫。在武昌起义前，已有不少革命党人首先"断发易服"。"武昌起义后，各地革命党人立即动员群众起来剪辫，南京临时政府成立后更发布了要求群众剪辫的通令。各地人民或者出于自发，或者遵照政府的法令，纷纷起来剪辫。"①革命党人出于对清政府的义愤，甚至不惜以强迫手段剪辫。在南京，战士们手拿剪刀在各主要街道游行，碰到仍留辫者，一律下剪，不顾长幼贫富。社会舆论已普遍不容留辫者，"不剪发不算革命，并且不算时髦，走不进大衙门去说话，走不进学堂读书"②。

礼节、称谓的改变，也是辛亥革命带来的积极成果。临时政府成立以后，下令废除清朝实行的叩拜、相揖、请安、拱手等旧式礼节，改行鞠躬礼为主。书信的落款，以前用"顿首""百拜"等语，现在则用"鞠躬""举手""免冠"等。清朝时，下对上、贱对贵称"大人""老爷"，民国后则一律改称"先生""君"。叩拜的恶俗，"大人""老爷"等称呼，是等级道德的具体体现，是卑下者受奴役、丧失人格的标

① 胡绳武、程为坤：《民国初年的社会风尚变化》，载《中国传统文化的再估计》，上海人民出版社1987年版，第255页。
② 忍虚：《辛亥革命在盘阴》，《越风》半月刊第二十期，1936年10月10日。

⋮ 20世纪初，广济医院(现浙江大学医学院附属第二医院）院长、英国传教士
梅藤更先生与小患者互相行中国鞠躬礼

志。民初对它们的革除，意味着平等精神渗透到现实的社会生活之中。鞠躬之礼和"先生""君"之称，是人人通用的，受礼者与施礼者、被称者与称者均完全平等。

民初婚俗的改变也是引人注目的。按旧婚俗，男的要送大量聘金，女的要送名贵嫁妆，结婚仪式上还有数不清的繁文缛节。对这些费钱、费时、费精力的无谓之举，民初的进步青年已普遍反对。他们要求婚礼简易、文明，革去坐花轿、拜天地、闹洞房等落后、迷信习俗。"民初文明结婚通行的婚礼仪式是：奏乐、入席，证婚人宣读证书，各方用印，新郎新娘交换饰物（戒指），相对行鞠躬礼，谢证婚人、介绍人，行见族亲礼，行受贺礼，来宾演说等。"①

社会习俗是道德风貌的一种典型体现。历代儒者，都把"正民俗"作为要务之一。在他们看来，贞女、节妇越多，喊"大人""老爷"的百姓越多，顺从老辈、严守古训的青年越多，民俗就越纯正。道德救世，是他们的最重要信念。近代民族的大变，触动了正统儒者最敏感的神经。"人心不古，世风日下"，是他们最自然的反应。考虑到古老道德信条对他们的绝对支配力，面对世风巨变，他们的不满、愤怒、痛心疾首，我们是可以理解的。不过，把风俗问题看得如此之重，而对其他于民族、国家更严重的问题（这些问题，近代中国实在是太多了）却不放在眼里，对正统

---

① 胡绳武、程为坤：《民国初年的社会风尚变化》，载《中国传统文化的再估计》，上海人民出版社 1987 年版，第 260 页。

晚清结婚照（约 1875年）

（左：曾国藩之女曾纪芬）

民国初年的西式结婚照

儒者的这种心态，我们毕竟还是感到不可思议。例如，鲁迅小说里的一位道学先生（四铭），居然说出这样的话："女人一阵一阵的在街上走，已经很不雅观的了，她们却还要剪头发。我最恨的就是那些剪了头发的女学生，我简直说，军人土匪倒还情有可原，搅乱天下的就是她们，应该很严的办一办……"①把"伤风败俗"的女学生看作搅乱天下的罪魁祸首，相比之下，胡作非为的军人土匪"还情有可原"！四铭可能是虚构的人物，但是四铭这种心态却在 20 世纪初的中国保守知识分子中普遍存在。更令我们心塞的是，四铭在咒骂十八九岁女学生的同时，却要赞赏十八九岁女乞丐的"孝行"："只要讨得一点什么，便都献给祖母吃，自己情愿饿肚皮。"②行乞这种社会病，他不在乎，他关心的只是行乞中体现的"孝"，还要在报上公开表彰她，这种道德心态不是太畸形了吗？

---

① 鲁迅：《肥皂》，载《鲁迅选集》第一卷，人民文学出版社 1983 年版，第 165 页。
② 鲁迅：《肥皂》，载《鲁迅选集》第一卷，人民文学出版社 1983 年版，第 167 页。

## 理论和实践的矛盾

从前文我们已经看到，近代道德革命的理论导致了相应的行动。在这种情况下，理论和实践是一致的。同时，相反的情形——理论和实践的矛盾，也值得我们注意。

在道德革命中，理论和实践的矛盾有两种表现。

首先，私德上言、行直接冲突。有些人实际上做的和与理论上提倡的不相容。吴虞就是典型的例子。他理论上主张妇女解放、男女平等，把一夫多妻制和蓄妾制作为"大病"。①但是，在行动上，他又以多妻妾和玩弄女性著名。吴虞先后有妻妾五人，同时沉迷妓院，写下了大量的"艳诗"。他一生为世所不容，其原因除思想上的激进外，这种放荡行为恐怕也是很重要的。社会舆论经常以后者向他发难。

中国旧文人有三大习惯是很著名的，它们就是：吟诗、喝酒、狎妓。这些生活习惯的形成，大概与他们怀才不

① 见《说孝》，载赵清、郑城编：《吴虞集》，四川人民出版社 1985 年版，第 176 页。

遇、不为社会所用有关。他们往往通过这些方式来排解烦恼、发泄不满。当然，还要看到，它们也是旧文人的重要享乐方式。由于生活在新旧交替的时代，吴虞他们接受了新的观念，却未能完全摆脱旧的生活习惯。吴虞的不端行为，究竟是为了消闷泄愤，还是为了享乐？我想，应该是两者兼而有之的吧。

其次，理智和情感的冲突。从鲁迅、郭沫若、胡适这几个人的婚姻生活中，我们可以看到这种矛盾和冲突是多么严重。作为新文化运动的领袖人物，他们都有对自由恋爱、自主婚姻的热烈向往，但是，他们又都没有完全挣脱旧式婚姻的束缚。在情感上，他们拒斥旧式婚姻；但在理智上，为父母、家人和原配夫人着想，他们又接受了旧式婚姻。鲁迅、郭沫若仅接受了其形式，而胡适则一并接受了其内容。

鲁迅是在日本留学时，由家里催他回来完婚的。对于母亲送给他的突然的"礼物"，他顺从地接受了。"人是复杂的，一个很善于认真思考的人，有时也可以表现得很简单和草率。他此时在这个人生的重要课题面前，竟一切都迁就了慈爱的、然而因袭封建传统做法的母亲。他的结婚，与其说是对朱安的爱，不如说是对母亲的顺从。"[1]如果说，鲁迅当时年少，还不很清楚此举对他和夫人的真正意义的话，那么，随着年岁的增大，思想的更加成熟，对于这没有爱情的婚

---

[1]　林非、刘再复：《鲁迅传》，中国社会科学出版社 1981 年版，第 58 页。

姻，他就越来越感到痛苦了。他们徒具婚姻的形式，却无正常的夫妻生活内容，以致鲁迅回国把她接到北京后，虽然表面上住在一起，但他"实际上是过着简朴的独身生活"①。可是，鲁迅毕竟是有追求的。后来，当他对学生许广平产生了真正的爱情时，他们就勇敢地结合了。当然，这仅仅是"结合"，而不是"结婚"，因为，他的原配夫人仍然从形式上与他保持婚姻关系，她也始终认为鲁迅是自己的丈夫。鲁迅逝世后，她仍然在鲁迅母亲身边，伴守着这个怜爱她的老人。老人故后，她也依然把自己和周家紧紧连在一起。她对鲁迅友人许寿裳说："我生为周家人，死为周家鬼。"②其实，为保持这无意义的婚姻，她和鲁迅一样忍受着莫大的痛苦。

　　与鲁迅从日本回国完婚不同，郭沫若是遵父母之命结了婚再去日本留学的。他对这个婚姻同样很不满意，在日本，他与安娜相爱后生活在一起了。"他们的结合是背着自己的父母和前妻的，因而郭沫若也就不能不为这种结合可能引起的家庭纠葛而忧虑愁苦。……他也曾几次想写信回家提出与张氏离婚，但又不忍让老父老母伤心，更害怕把已为旧式婚姻牺牲的张氏逼上死路，所以只好打消了这个念头。"③跟鲁迅一样，这种形式上的婚姻也一直保留着，在 1981 年他逝世以前，原配夫人始终坚信自己是郭沫若的妻子，对他忠贞不贰。

①　林非、刘再复：《鲁迅传》，中国社会科学出版社 1981 年版，第 60 页。
②　林非、刘再复：《鲁迅传》，中国社会科学出版社 1981 年版，第 61 页。
③　孙党伯：《郭沫若评传》，人民文学出版社 1987 年版，第 73 页。

：鲁迅与许广平

　　鲁迅、郭沫若的婚姻生活，不仅表明了他们的理想追求和现实生活的矛盾，而且也体现了一种行为与另一种行为的分裂。生活在那个时代，既要得到个人幸福，又要顾及他人，他们只好做出那样的选择。对于吴虞、陈独秀私德上的言行不一，我们可以责备他们个人；而对于鲁迅、郭沫若这种分裂的婚姻方式，我们则只能谴责旧的婚姻制度，正是它，给他们的原配夫人带来悲剧。

　　相比之下，胡适的原配夫人要比鲁迅、郭沫若的原配夫人幸福得多。胡适没有"背叛"她，终生与之为伴。他也因此而获得"圣人"的美誉，当时，饱受西方文化影响的胡适，对这个纯粹出于父母之命、媒妁之言的婚姻，内心上却有难言的痛苦。请看他一封信里的自白："吾之就此婚事，全为吾母起见，故从不曾挑剔为难。（若不为此，吾决不就此婚，此意但为足下道，不足为外人言也。）今既始矣，吾力求迁就，以博吾母欢心。吾之所以极力表示闺房之爱者，亦正欲令吾母欢喜耳。"① 理智上，胡适无疑是向往自由恋爱、自由结婚的②，但在行动上，他又不得不守孝道，为博得母亲的欢心而维持旧式婚姻。他和鲁迅、郭沫若一样，对母亲有很深的感情。违抗母亲而令之悲伤，这是他们做不出来的。

---

① 石原皋：《闲话胡适》，安徽人民出版社 1985 年版，第 15—16 页。
② 胡适在给母亲的信中，曾说过中国旧婚姻要比西方自由婚姻好，这也可以看成"博吾母之欢心"之举，不能以此作为他反对自由婚姻的证据。

｜ 胡适与江冬秀

## | 个人主义精神的作用 |

对中国传统道德冲击最大的是西方个人主义精神。它对中国近代道德革命起了主导作用。

个人主义是英文"individualism"的汉译。根据《简明不列颠百科全书》的解释，它是"一种政治和社会哲学，高度重视个人自由，广泛强调自我支配、自我控制、不受外来约束的个人或自我。……个人主义的价值体系可以表述为以下三种主张：一切价值均以人为中心，即一切价值都是由人体验的……；个人本身就是目的，具有最高价值，社会只是达到个人目的的手段；一切个人在某种意义上说道义上是平等。下述主张最好的表述了这种平等：任何人都不应当被当作另一个人获得幸福的工具。个人主义的人性论认为，对一个正常的成年人来说，最符合他的利益的，就是让他最大限度的自由和责任去选择他的目标和达到这个目标的手段，并且付诸实际行动。另外，作为一个总的态度，个人主义包括高度评价个人自信，个人私生活和对他人的尊重"①。简单地说，个人主义就是一种高度重视个人的价值体系。独立、自由、平等、人权等，都包含在这个体系之中。在近代西方，个人主义精神渗透到经济、政治、文化等领域，成为指导人们生活的一种基本精神。突飞猛进的资本主义经济、日益完善的民主政治、繁荣多样的科学和文化，都是与个人主义精神的作用分不开的。

西方近代个人主义是在文艺复兴过程中开始产生的。它是攻击神权主义的主要武器。在西方中世纪，人们膜拜于自己的想象物——神，变为它的奴仆。文艺复兴运动反对神权，高扬人权，把独立自主的个人摆在最重要的位置。中国传统道德，特别是宋明以后的道德，很像西方中世纪的神。儒学在传统中国扮演了宗教角色，这已为不少学者所承认②。在西方中世纪，统治人的是神；而在中国中世纪，统治人的则是以"三纲"为核心的儒家伦理。西方个人主义的传入，促进了中国人个体意识的觉醒。这种觉醒是导致他们反叛传统道德的根本原因。中国近代道德革命，实际上就是个人主义对家族主义、纲常主义的革命，是个体意识对君父观念的革命。儒家"外人"道德的长期统治，早已使人麻木了。西方个人主义的猛攻，才使他们复醒，意识到做人的权利。

① 《简明不列颠百科全书》第 3 卷，中译本，中国大百科全书出版社 1985 年版，第 406 页。

② 任继愈直截了当地坚持儒学是宗教，李泽厚也认为儒学是"准宗教"。

西方个人主义的传入，最早可以追溯到戊戌维新志士所宣传的民权说。在"五四"新文化运动中，《新青年》对个人主义进行了系统、全面的介绍。陈独秀把西洋民族称为"彻头彻尾个人主义之民族"，并赞赏俄国科学家"没词缓而树义坚"的个人主义①；高一涵把国家看成是达到个人目的的手段②；李亦民把"为我"作为人生唯一的目的③。

前面曾反复说过，中国正统道德（儒家道德）是敌视个人主义的。它以家族为本位，而不是以个人为本位；它维护家权、皇权，而排斥人权；它铸造处于人伦关系网络中的个人，而扼杀独立自主的个人；它要求个人都无条件地按一种固定的方式行事，而不允许个人做出自己的选择。因此，西方个人主义的传入，与中国正统道德发生了绝对尖锐的冲突，这种冲突是导致中国道德出现断层，民族心灵产生裂变的主要原因。在儒家道德不能对西方个人主义的严重挑战，作出有意义的回应的情况下④，清醒的人背叛儒家道德就是不可避免的了。

---

① 陈独秀：《当代二大科学家之思想》，《新青年》第二卷第一号。
② 高一涵：《国家非人生之归宿伦》，《青年杂志》第一卷第四号。
③ 李亦民：《人生唯一之目的》，《青年杂志》第一卷第二号。
④ 儒学顽固派的回应完全是无意义的。如用"夏夷之辨"的心理排斥个人主义，把它作为社会动乱和群体瓦解的罪魁祸首，甚至斥为"禽兽之论"。这些做法对抵挡个人主义的进攻起不到丝毫作用。

## | 各种思想流派的影响 |

　　诱发近代道德革命的，除西方个人主义精神外，还有各种思想流派。它们是：进化论、天赋人权论、功利主义、无政府主义、实用主义、尼采哲学、柏格森生命哲学、马克思主义。这些流派大都包含着个人主义精神，有些甚至是个人主义的具体表现形式。

　　进化论在中国近代思想史上的地位，是大家所熟知的。进化论原本只是一种关于生物发展的理论，但它产生后，其意义远远超出了生物学的范围，对整个人类思想产生至深的影响。严复于1895年前后翻译赫胥黎的《天演论》，是系统、完整的进化论思想在我国传播的开始。进化论给中国人带来了：(1)"物竞天择，适者生存"的原理；(2)由低级向高级发展的变化观念。它们除了具有唤醒民众救亡图存的政治意义外，还有更深刻的思想意义。在圣贤遗训具有特别重要作用的中国，"变"是最忌讳的字眼。既然什么都由圣贤规定好了，在圣贤所说之外是否还有其他新的东西出现？圣贤遗训是否是可变的？这样的问题，传统中国人根本无法设想。
进化论的变化观给传统的不变观以极大的冲击。进化论的生
物由简而繁、由低级向高级的宏大历史演化图景，向人们揭
示：不变是不可能的！因此，进化论对于促进变革传统道德
起了相当重要的作用。

天赋人权论可以看成是个人主义的一种典型体现。它是
在西方资产阶级革命时期形成的。其代表人物为 18 世纪法
国的卢梭。这种理论认为：人人生而平等，自由是人最重要
的权利，是人之所以成其为人的东西，国家是自由的人民
自由协议的产物，国家行政长官只是公意（或法律）的体
现，并无任何特权。这些当然都是指导中国道德革命的基本
观念。严复著《辟韩》《论世变之亟》诸文，批判专制主义
和忠君意识，呼吁自由，显然是受天赋人权论影响的结果。
1900 年，卢梭《民约论》的中译本在《译书汇编》上发表。
1901 年，梁启超作《卢梭学案》，登于《清议报》上。该文
充分认识到自由对于道德的意义："自由权又道德之本也，
人若无此权，则善恶皆非己出，是人而非人也。"①人有自己
支配自己的权力，才谈得上道德选择，才能对自己的道德行
为负责。否则，根本不存在道德与非道德的问题。梁启超在
阐发卢梭关于父、子有同等人权，父不能抢夺子之权后，接
着向中国的父权主义挑战："吾中国旧俗，父母得鬻其子女

① 葛懋春、蒋俊编：《梁启超哲学思想论文选》，北京大学出版社 1984 年版，第
60 页。

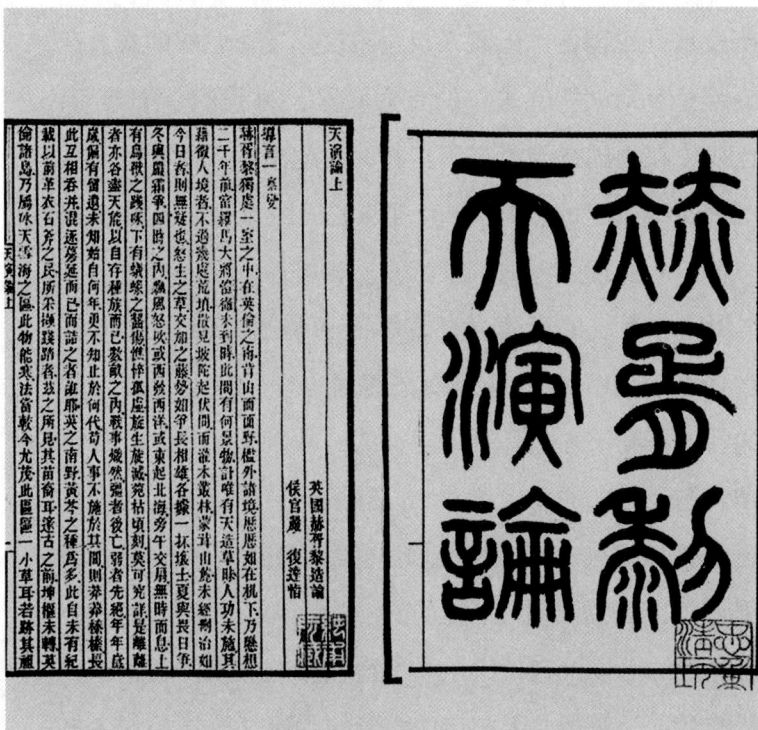

┊ 严复译《赫胥黎天演论》书影

为婢什，又父母杀子，其罪减等，是皆公理不明，不尊重人权之所致也。"①因此，天赋人权论不仅是反对君权的有力武器，而且是反对父权、夫权的有力武器。20 世纪头十年间，天赋人权论在中国得到了广泛传播，使越来越多的人意识到"三纲"的不合理性。当时蓬勃高涨的民主革命运动和女权运动，都与人们接受天赋人权论密切相关。

作为一种系统的道德学说，西方功利主义创立于 18 世纪末、19 世纪初。其代表人物是英国伦理学家葛达尔、边沁和约翰·穆勒。它也是个人主义的一种表现形式。功利主义从个人的最实在的感受出发，以趋乐避苦的自然人性论作为基础，把善恶与乐苦等同起来，强调道德与利益的一致性，强调个人利益与社会利益的一致性。葛达尔指出："善是一个一般的名词，包括快乐和取得快乐的手段。恶也是一个一般的名词，包括痛苦和造成痛苦的手段。"②边沁的名言是：追求最大多数人的最大幸福。在中国，近代道德革命的先驱严复是比较早接触功利主义的人。这大概得益于他多年的留学英国的生活经验，因为英国是功利主义的故乡。康有为《大同书》中表述的自然主义人性论也与功利主义很接近。1902 年 9 月，梁启超又在《新民丛报》上发表《乐利主义泰斗边沁之学说》，③系统介绍边沁的功利主义思想。功利主

---

① 葛懋春、蒋俊编：《梁启超哲学思想论文选》，北京大学出版社 1984 年版，第 61 页。
② 葛达尔：《政治正义论》第 1 卷，北京大学出版社 1984 年版，第 293 页。
③ 梁启超：《乐利主义泰斗边沁之学说》，《新民丛报》第十五号。

义的引进，对中国传统道德触动很大。我们知道，传统道德一直存在非功利的倾向。近代有识之士在接受了西方功利主义以后，便纷纷起来反对中国的非功利主义，批判禁欲说，提倡乐利观念。

无政府主义在 19 世纪上半叶出现。法国的蒲鲁东、俄国的巴枯宁和克鲁泡特金，这些著名的无政府主义者已为大家所共知。无政府主义强调人的绝对自由和人与人的绝对平等，反对一切权力和权威，它认为，国家是产生一切罪恶的根源，主张在二十四小时内废除任何形式的国家，建立"你喜欢怎么做，就怎么做，你喜欢怎么想，就怎么想"的"无命令、无权力、无服从、无制裁、绝对自由"的社会。尽管这些主张是不可行的，但在中国近代特定的历史条件下，它们可以用来冲击压制个人的、等级主义的旧道德，这又是毋庸置疑的。在 20 世纪初，无政府主义对中国很多知识分子（其中大多数是不满现实、要求改革的知识分子）产生过相当程度的影响。辛亥革命前两个宣传无政府主义的刊物《天义报》（由留日学生创办）和《新世纪》（由留法学生创办），就是提倡"三纲革命"和"孔丘革命"的两个基地。《新世纪》发表的《三纲革命》一文把"三纲"斥为"宗教迷信"，而把"平等"奉为"科学真理"。① 该刊的《排孔征言》一文又认为，"孔丘砌专制政府之基，以荼毒吾同胞者，二千

① 见《辛亥革命前十年间时论选集》第二卷，下册，生活·读书·新知三联书店 1960 年版，第 1016 页。

余年矣。……欲支那人之进于幸福，必先以孔丘之革命"①。到了"五四"运动前后，无政府主义思潮在知识界空前流行。应该承认，这时的无政府主义者同样还是坚持道德革命的。如一个无政府主义者梁冰弦（署名"两报"）发表文章，指出家族主义的害处，"第一，家族主义与人格主义抵触"，"第二，家族主义为个性发展的障碍"，"第三，家族主义和人的自由冲突"，"第四，阶级制度源祖于家族"②。无政府主义的流行，促进了更多的传统道德的叛逆者产生。当然，无政府主义给中国也带来很多消极影响。它否定人类已有的一切，其社会建设方案只是脱离实际的、根本无法实现的幻想。中国无政府主义道德观在否定旧道德方面起过进步作用，但它所肯定的道德大多是不可行的、荒唐的。如毁家的主张、脱离社会绝对自由的主张即属此列。

在触动传统道德神圣性，诱发人们的道德变革意识方面，实用主义起着和进化论一样的作用。它把真理和效用联系起来，甚至等同起来。没有用的就不是真理。即使过去被视为天经地义的东西，如果现在不适用了，弃之也毫不可惜。实用主义富有现实精神和人文主义精神。它一传入中国，即将矛头对准"三纲五伦"。中国实用主义大师胡适说过："我们所谓真理，原不过是人的一种工具，……因为

① 《辛亥革命前十年间时论选集》第三卷，生活·读书·新知三联书店 1960 年版，第 208 页。
② 两报：《家族的处分》，《民风》第十六号。

从前这种观念曾经发生功效，故从前的人叫他做'真理'。万一明天发生他种事实，从前的观念不适用了，他就不是'真理'，我们就该找到别的真理来代替他了。譬如'三纲五伦'的话，古人认为真理，因为这种话在古时宗法的社会很有点用处。但是现在时势变了，国体变了，'三纲'便少了君臣一纲，'五伦'便少了君臣一伦。还有'父为子纲'、'夫为妻纲'两条，也不能成立。古时的'天经地义'现在变成废话了。有许多守旧的人觉得这是很可痛惜的。其实这有什么可惜？衣服破了，就该换新的；这支粉笔写完了，该换一支；这个道理不适用了，该换一个。这是平常的道理，有什么可惜？"① 我们不必责备胡适把伦理规范与认识真理混同了，因为，在传统中国里，这二者本来就是不分的。我们也不必责备他的道德相对论，因为，奉行千年的道德绝对论造成了压在中国人身上的莫大精神枷锁。值得我们注意的是，自古被称为天经地义的纲常伦理，在这里被胡适极为明快地否定了。实用主义作为一种真理论，其真理的性质和程度如何，可以讨论。但是，在中国当时的历史条件下，这种实用主义理论对道德革命很"实用"，这是无可厚非的。

跟实用主义一样，尼采哲学常成为当代中国人责骂的对象。这些责骂也许不无道理。但是，不管如何，它对中国近

---

① 《胡适文存》卷二，远东图书公司 1983 年版，第 101—102 页。

代道德革命的作用也是不能抹杀的。尼采的学说，最早由王国维于 1904 年介绍到中国来①。1915 年，陈独秀在《青年杂志》发刊词《敬告青年》的第一条中又引用了尼采关于奴隶道德与贵族道德的论述。他说："德国大哲尼采道德为二类，有独立心而勇敢者曰贵族道德，谦逊而服从者曰奴隶道德。"②陈独秀当然是肯定前者，而否定后者。在新文化运动开展以后，尼采哲学得到广泛的传播。他的著作《查拉图斯特拉如是说》被多次部分翻译。1920 年，《民铎》杂志出版《尼采专号》，全面介绍尼采哲学。尼采学说对中国道德革命的影响，具体可以从两个方面看：第一，尼采是传统的坚决叛逆者，是偶像的极端破坏者。他主张"重新估计一切价值"，猛烈批判西方传统的基督教道德，认为"上帝死了"。这种精神正好刺激先进的中国人向传统道德宣战。就在"五四"游行示威发生的当日，傅斯年在《新潮》上号召："我们须提着灯笼沿街寻'超人'，拿着棍子沿街打魔鬼"，赞扬尼采是一个"极端破坏偶像家"③。鲁迅认为，"旧象愈摧毁，人类便愈进步"，而尼采等人就是"偶像破坏的大人物"④。中国人的偶像很多，其中最重要的是孔子，他代表着传统道德和一切保守力量。破坏偶像是道德革命的重要内容。尼采就

① 见王国维《叔本华与尼采》，载《静庵文集》，上海古籍出版社 1983 年版。
② 《陈独秀文章选编》上，生活·读书·新知三联书店 1984 年版，第 74 页。
③ 傅斯年：《随感录》，《新潮》第一卷第五期。
④ 鲁迅：《随感录》四十六，载《鲁迅全集》第一卷，人民文学出版社 1981 年版，第 322 页。

是中国的偶像破坏者的导师。第二，尼采提倡的坚定、顽强、奋争、创造的"超人"道德是打破中国懦弱道德的有力武器。正如李石岑指出的："吾国人素以粘液质为他国人所轻觑，既乏进取之勇气，复少创造之能力，乃徒以卑屈之懦性，进而为习惯上之顺氓。此在国家言之，养此顺氓，为金钱之虚掷；若在种族言之，诞此顺氓，为精力之浪费。愚以为欲救济此种粘液质之顺氓，或即在国人所訾之、骂之、非议之之尼采思想欤！"①

柏格森生命哲学在 20 世纪初具有世界性的影响。它于"五四"运动前后传入中国。柏氏的《创化论》《物质与记忆》，由张东荪翻译之。1922 年，《民铎》杂志又出版了《柏格森专号》。柏格森的哲学强调意志自由，强调流动与创造，充满一种"生"的气息。它的传入，给我们带来一种新的宇宙观和人生观，带来一种新的伦理、新的道德。冯友兰在评价柏格森的《心力》时说："生命要无中生有的创造，要永远不息的增加世界上的富源，不要把自己无限的扩张。"②瞿世英指出：柏格森"给我们以一种自由的、发展的、创造的、自动的新宇宙观与新人生观"③。杨正宇也说："柏格森的哲学，实为自主的、主动的新伦理、新道德。"④因此，我们可

---

① 李石岑：《尼采思想之批判》，《民铎》第二卷第一号。
② 冯友兰：《评柏格森的新潮》，《新潮》第三卷第三期。
③ 瞿世英：《柏格森与现代哲学趋势》，《民铎》第三卷第一号。
④ 杨正宇：《柏格森哲学与现代之要求》，《民铎》第三卷第一号。

以说，柏格森生命哲学对当时方兴未艾的中国道德革命，产生了推波助澜的作用。

马克思主义在辛亥革命前后就开始传入中国，但系统的、大规模的马克思主义传播，是"五四"新文化运动中的事。马克思主义对中国道德革命的作用，最重要的是：促使中国人意识到道德革命的经济必然性。这点，我们可以从李大钊身上明显地看出来。1919 年 12 月，李大钊在《新潮》上发表《物质变动与道德变动》，运用马克思关于经济基础与上层建筑的关系、物质与精神的关系原理，说明物质变动与道德变动的内在联系。道德属于上层建筑，是精神现象的一种，它受经济、物质决定，随着经济、物质的变化而必然发生变化。他说，"人类社会一切精神的构造都是表层构造，只有物质的经济的构造是这些表层构造的基础构造。……物质既常有变动，精神的构造也就随着变动"，"道德是精神现象的一种，精神现象是物质的反映，物质既不复旧，道德断无单独复旧的道理，物质既须急于开新，道德亦必跟着开新"①。后来，李大钊又作了《由经济上解释中国近代思想变动的原因》一文，发表在《新青年》上，进一步说明在西方工业经济浪潮冲击下，中国传统道德变革的必然性。

此外，代表劳动者利益的马克思主义还促进了"劳工神圣"新伦理的产生。中国传统道德是轻视劳动、轻视劳动人

① 《李大钊选集》，人民出版社 1959 年版，第 260—261、267—268 页。

民的。"无君子莫治野人，无野人莫养君子""劳心者治人，劳力者治于人"是奉行千年的信条。马克思主义则认为，物质生产是社会存在和发展的基础，物质资料生产者——劳动人民最值得尊重。在这种观念指导下，很多先进知识分子深入民间，同情民众、帮助民众。后来，又掀起了轰轰烈烈的工人运动和农民运动。当然，体力劳动者值得尊重，脑力劳动者同样也值得尊重。蔡元培于 1912 年 11 月 16 日在北京天安门广场发表"劳工神圣"的讲演时，指出："凡用自己的劳力作为有益他人的事业，不管他用的是体力、脑力，都是劳工。"①

上述西方思想流派，都对中国近代道德革命起到了促进作用。不过，其作用的程度和性质，又有差别。天赋人权论、进化论影响最大，也较为健康。马克思主义则为中国人考察传统道德，以至整个传统社会提供了最新的方法。其他流派或则杂有非理性主义和相对主义，或则空想色彩太浓，因而带来多方面的影响。从前，论者多注意其消极影响，而忽视其积极影响。现在应该是对它们进行公正评价的时候了。

① 高平叔编:《蔡元培全集》第三卷，中华书局 1984 年版，第 219 页。

# | 道德革命的历史作用 |

中国近代史上的道德革命，受中国近代经济、政治变动所制约，而又对这种经济、政治变动产生重大作用。

自从鸦片战争的炮声打破了我们古老帝国的宁静以后，摆在中国人面前最大、最严峻的问题是：如何改变落后状态，缩小、消除与西方先进国家的差距。中国与西方的差距，体现在经济、政治方面，还体现在道德观念方面。在某种意义上，后者是更深刻的东西。洋务运动主要解决经济问题，戊戌变法和辛亥革命主要解决政治问题。道德革命则解决第三方面的问题，这个问题的解决，有赖于前两个问题的解决，但它又对经济、政治问题的解决产生重大影响。没有辛亥革命道德观念的解放，哪有推翻君主政体的辛亥革命？而辛亥革命失败后，普通民众又以从前对待皇帝的态度对待最高当权者（他们当然也真的与皇帝没多大差别），这难道不与顽固扎根于其中的忠君观念有关？至于洋务运动，由于看不到西方经济和政治、文化（包括道德观念）的一体性，天真地以为西方近代工业可以移植于专制政治和孔孟之道之乡，结果也以失败告终。事实证明，没有道德革命，经济、政治和其他方面的革命都是不可能的。陈独秀说，伦理觉悟是我们最后的党悟①，这话最能概括道德革命的意义。

经过道德革命，中国延续几千年的道德出现断层，民族心灵产生裂变，传统价值体系崩坏。因而造成了一代甚至好几代人的迷惘和不安，对这样的事实，确实可以用不同的标准来进行评价。

如果把"道德的连贯性和心灵的稳定性"看作最有价值的，那么，中国近代道德革命无疑是一场灾难。它将整个中华民族的心灵搞得太乱了，它所造成的意识危机太严重了。政治的失控，加上道德的失控，使辛亥革命后的中国陷入连年军阀混战、社会极为动乱的局面。在旧道德威风扫地而新道德又未能发挥它有效的影响力时，便出现了道德"真空"。在这"真空"中，很多人廉耻丧尽，为所欲为，无恶不作。大大小小的军阀正属此类。

本文不站在以上角度考虑问题，而是把"民族的生存和发展"看作最有价值的。依此标准，近代道德革命不是一场灾难，而是一场具有深远历史意义的伟大运动。

19 世纪中叶以后，在西方文化中孕育长出的工业文明，

---

① 　陈独秀：《吾人最后之觉醒》，《青年杂志》第一卷第六号。

以其不可阻挡的气势冲击全球。接受西方文化则存，拒绝西方文化则亡。而要接受西方文化，便不能不接受西方道德，因为道德是文化中非常重要的组成部分。但是，保留中国传统道德是与接受西方道德冲突的。在这种情况下，为了民族的生存，只好冲破延续几千年的中国传统道德，让它出现断裂。民族的生存和发展，要求我们在很大程度上牺牲民族传统。历史迫使我们不得不这样抉择。

而且，与道德断裂相连的价值体系的崩坏，无非意味着尊者(君主、丈夫、兄长等）的无上价值没有了，而卑者(臣民、儿女、妻子、晚辈等）的地位上升了；原来被认为无价值的独立、自由、平等，变得非常有价值了；家庭和家族观念淡了，而国家和社会的观念重了；圣贤遗训已不是最高价值尺度，取而代之的是人的快乐和幸福……这些，有什么不好呢？

辛亥革命后的社会动乱，固然有道德上的原因，但更重要的是政治上的原因。企图以恢复传统道德的绝对支配力来整治社会动乱，是不可能实现的幻想。康有为、陈焕章等人竭力想通过"保教"来挽救时局，其结果如何，大家都很清楚。

在评价近代道德革命时，很自然会联想到毛泽东的一段著名的话。他在评价"五四"运动的领导人时曾说过："他们对于现状，对于历史，对于外国事物，没有历史唯物主义的批判精神，所谓坏就是绝对的坏，一切皆坏；所谓

好就是绝对的好，一切皆好。"①有人据此断定：近代道德革
命论者缺乏辩证的观点，只看到传统道德的消极面，而看
不到它的积极面，对传统道德采取了全盘否定的态度。对
此，应该做具体分析。在旧道德像天罗地网一样笼罩在中
国人头上，紧紧束缚中国人民，严重阻碍中国走向世界、
走向近代社会的时候，他们着重揭露、批判旧道德的缺
陷，这应该是对的。问题的关键在于，在他们面前，有一
大批顽固派和广大不觉悟的民众。顽固派对传统道德的奴
隶主义本质一无所知，仅仅因为它是"国产"的就盲目赞美、
固守它，为它戴上一副虚伪的金色光环。而不觉醒的广大
民众生来即受这种道德熏陶，对它自然很留恋。面对这些
顽固派和不觉醒的民众，难道道德革命论者不应该全力以
赴打破顽固派为传统道德戴上的虚假光环，揭露其奴隶主
义本质，把旧道德的优、缺点平行罗列，用以显示自己的
公允与全面吗？而且，进一步来看，他们实际上也没有对
传统道德全盘否定。陈独秀、李大钊等都承认以孔子为代
表的传统道德过去存在的合理性，陈独秀说："我们反对孔
教，并不是反对孔子本人，也不是说他在古代社会毫无价
值。"②"其伦理学说，虽不可行之今世，而在宗法时代封建
社会，诚属名产。"③ 李大钊又说："孔子于其生存时代之社

---

① 《毛泽东选集》第三卷，人民出版社 1985 年版，第 789 页。
② 《陈独秀文章选编》上，生活·读书·新知三联书店 1984 年版，第 392 页。
③ 《陈独秀文章选编》上，生活·读书·新知三联书店 1984 年版，第 210 页。

会，确足为其社会之中枢，确足为其时代之圣哲，其说亦确足以代表其社会其时代之道德。"① 只不过因为时代发展了，社会前进了，孔门伦理的根本精神与现代生活发生冲突，于是才有必要对它进行革命。如果进一步问：以孔子为代表的传统道德到了近代是否全都不适用了？道德革命论者对这个问题的回答并不是断然否定的，谭嗣同早就看到，虽然"三纲"之毒害如此深重，但朋友一伦却是很好的；陈独秀也认为，传统道德中的温良恭俭让、信义廉耻和忠恕之道并非不足取（详见本书"传统道德鸟瞰"一文）。可见，说道德革命记者全盘否定传统道德是根据不足的。

还有人说，道德革命破的多、立的少。据我看来，道德革命破的多、立的也多，破和立是同一过程的两个方面。否定旧道德，同时就是肯定与之相反的新道德。批判奴隶道德，也就是确立独立、平等的道德；批判家族主义，就是确立公德观和博爱心；批判禁欲主义，也就是确立乐利主义……怎能把破和立分开呢？在近代中国，几乎每种新观念的确立，都是与批判相应的旧观念结合起来的。

① 《李大钊选集》，人民出版社 1959 年版，第 79 页。

## 道德革命的历史局限性

中国近代道德革命并非白璧无瑕、十全十美。我认为，它起码有两方面的不足。

第一，中国近代道德革命虽然在知识界闹得轰轰烈烈，但对广大下层民众影响不大，因而未能凸显全民族的道德更新。虽然李大钊早就号召青年人到农村去，改变农民的愚昧与落后，不少先进青年也意识到工人、农民的重要性。但是，这些都没有产生多大效果。主要原因在于，在当时，文盲占了总人口的大多数，普通民众很少有识字的。即使道德革命的战士们竭力提倡、使用白话文，尽量把文章写得通俗易懂，但对于目不识丁的民众来说，再"白"的白话文，也还是"天书"，难怪他们对在知识界闹得轰轰烈烈的道德革命没什么反应了。而且，这里还有一个经济和道德相互作用的问题，道德的变革对指导经济的变革有重要作用，但道德的变革又有赖于经济的变革。19世纪末、20世纪初，西方工业经济的浪潮已猛烈地冲击中国的农业经济，但这种冲击并没有使中国从农业国变为工业国。小生产的农业经济还占主导地位。在这种情况下，不管道德革命的呼声如何高，都难以改变这样的事实：适应小农经济传统道德，有其继续生存的土壤。只有小农经济整个地让位于大工业，传统道德才能得到根本的改变。

第二，不少道德革命论者对中国传统道德和西方道德的了解和理解确有不够深入和详备之处。除蔡元培写过一本《中国伦理学史》外，其他人对中国传统道德均未做系统、深入的研究。他们对过去道德的看法，大都停留在宏观的、一般性的水平之上，而没有往微观的、精细的方向发展，因而未能发现其复杂的、多方面的内容。而且，在我们今天看来，即便是蔡元培的那本书，对传统伦理思想的描画仍有粗糙、简单之嫌。对西方道德的了解，近代道德革命记者就更加不够详细了。他们能领略西方道德的基本精神，但由于对西方文化背景和社会背景了解不够，很难体会西方道德更深刻的内涵。有些人甚至把西方道德观念理解为简单的口号。

此外，正如本书"理论与实践的矛盾"一文已经指出的，道德革命论者中还有人存在着理论和实践不一的倾向。这也是近代道德革命一个很重要的缺陷。

必须强调的是，在当时的历史条件下，道德革命的这些局限性是难免的。我们不必苛求这些新道德的先驱者，更不必因此而否定他们对旧道德的中肯性批判，否定他们为民族道德发展开辟的新路。

： 蔡元培

1907年6月，蔡元培赴德国留学。在此期间，他编著了我国第一部伦理学专著《中国伦理学史》

## | "儒学复兴论"简议 |

　　面对我们几千年延绵不断的文化传统，总是有人把保留这个传统的价值看得高于一切。特别是当接受这种文化传统的亚洲诸国（日本、韩国、新加坡）以及中国香港、台湾地区近几十年取得经济起飞的奇迹时，在现代化中保留中国文化传统似乎就有了更加有力的证据。海外和港台学者正是在这种情况下提出儒学复兴的。

　　他们认为，儒家伦理与现代化不是冲突的，而是统一的。儒家的家族精神、团体观念、和谐意识、勤俭作风、注重上下之别的态度，等等，都对这些地区的经济发展起了积极作用。但是，在"欧风美雨"的强烈冲击下，年轻人日渐脱离自己的文化传统，越来越西化。对于此类"数典忘祖"、失去文化认同感的现象，他们深感担忧，因而大声疾呼珍惜自己的宝贵传统，不要使炎黄子孙在风雨飘摇中成为"无根"的民族。"儒学复兴论"充分反映了他们的苦衷。

　　我不否认某些儒家伦理对东南亚经济起飞的作用，也不否认儒家的仁、恕、信等观念仍然值得倡导。但是，正在现代化的地区和已经现代化的地区，所遇到的问题是完全不同的。中国大陆面临的问题是：民族传统保留得太多了，而不是太少了。如果说在港台地区提出儒学复兴尚有某种根据的话，那么，在反封建主义（主要就是儒家传统）的历史任务远未完成的大陆，提倡这种理论则是很有害的。在前面我们已经看到，作为一种敌视个人、剥夺人权、压抑个性的强大力量，儒家伦理从近代以来，都是中国社会进步的障碍。中国每前进一步，都是同批判这种伦理分不开的。

传统的价值，不在传统自身，而在传统对现实的人的作用。当某种或某方面的传统不利于现实的人的生存、发展时，抛弃这种传统就是天经地义的。但是，中国近代史上的顽固派却不这样看。在儒家传统已不利于民族的生存、发展时，他们还要极力维护它。萧功秦指出："导致我们这个古老民族在近代的种种挫折、失误与由此造成的不幸的，决不是地理屏障，而是由凝固了的传统观念筑成的屏障。"[1]他们总是不能摆脱以下逻辑：传统的就是有价值的，非传统的就是无价值的。这种逻辑直到今天还左右着不少人的思想，继续成为接受新鲜、外来观念的障碍屏障。当然，我相信，主张儒学复兴的人当中，不少已不再受这种逻辑束缚了。但是，如果大规模宣传儒学复兴，会不会使还没有摆脱它的人

---

[1] 萧功秦：《儒家文化的困境》，四川人民出版社 1986 年版，第 259 页。

强化这种逻辑，使已摆脱了它的人又重新回到这种逻辑中
呢？恐怕不能排除这种可能。

儒家道德中确有不少具有永久价值的东西（如前面反复
指出的仁、恕、信等），但这点不能成为儒学复兴的理由。
事实早已证明，这些合理的东西在儒家道德体系中并没有得
到充分的发展；相反，却常受到"三纲"的强烈压抑。要让
它们发扬光大，唯一的途径是打破整个儒家道德体系，改变
其否定独立的个体价值的逻辑起点。提倡儒学复兴，只会有
损于而不会有益于继承这些合理的道德。

当然，儒学复兴的主张者是不想复兴"三纲"的。为
此，他们把儒学一分为二：第一层是受专制政治所干预、歪
曲的、充当"封建意识形态"的儒学（或作为历史的儒学），
第二层是以道德理想转化现实政治的儒学（或作为一种哲学
的儒学）①。他们认为，中国近代一部分知识分子之所以猛烈
批判、全盘否定儒学，就是因为只看到儒学的第一层，而看
不到它的第二层。他们要复兴的，正是第二层的德学。这一
层有什么具体内容呢？它要求现实政治服从道德理想（圣
王），有强烈的社会责任感（"先天下之忧而忧"），追求独立
人格（孟子的大丈夫精神），肯定每个人的道德价值（"人人
皆可为尧舜"），等等。这些看法考虑到了儒学的复杂性、多
样性，能解释好些现象。但是，难道理想层的儒学真的那么

---

① 见薛涌《文化价值与社会变迁——访哈佛大学杜维明教授》，《读书》1985 年
第 10 期。

"理想"吗？在体现儒家道德理想的经典中，我们不是可以随时发现对君权的膜拜，对"小人"的蔑视，对"三纲"的反复论证吗？无论"圣王"多么仁慈、高尚、伟大，他也不会超越等级制度，承认民众的真正人权，"圣王"不过是"王圣"（专制帝王）的护身符。历代专制帝王无不称自己为"圣王"，但历代儒者有几个敢在帝王活着的时候表示异议呢？看来，要把现实的专制主义与儒家的理想层分开，大概是很困难的。

总之，我们不必老是担心民族传统的丧失，担心自己不是中国人了，而要多关注引进新观念，改造旧传统。中国是属于世界的，而不是属于儒学或孔子的。

# 后 记

这本小册子是在我的硕士学位论文《中国近代道德革命研究》的基础上修改、扩充而成的。我要感谢中山大学哲学系吴熙钊、袁伟时、丁宝兰、李锦全、陈玉森诸先生的悉心指导。在修改过程中，中国社会科学院近代史研究所马勇先生提出过很多宝贵意见，在此一并表示感谢。

本书写作虽然历时几载，但由于主、客观条件的限制，其中难免有缺点、错误，敬请读者批评指正。

作 者

1988 年 12 月 11 日于广州

责任编辑：侯俊智
助理编辑：程　露　范嘉榕
封面设计：吴燕妮
责任校对：秦　婵

**图书在版编目（CIP）数据**

中国近代道德革命／周炽成著 .—北京：人民出版社，2022.3
（2022.10 重印）
ISBN 978－7－01－023936－1

I.①中…　II.①周…　III.①道德－思想史－研究－中国－近代
　IV.① B82–092

中国版本图书馆 CIP 数据核字（2021）第 225634 号

中国近代道德革命
ZHONGGUO JINDAI DAODE GEMING

周炽成　著

人民出版社 出版发行
（100706　北京市东城区隆福寺街 99 号）

廊坊靓彩印刷有限公司印刷　新华书店经销

2022 年 3 月第 1 版　2022 年 10 月北京第 2 次印刷
开本：710 毫米 ×1000 毫米 1/16　印张：9.5　插页：4
字数：88 千字

ISBN 978－7－01－023936－1　定价：38.00 元

邮购地址 100706　北京市东城区隆福寺街 99 号
人民东方图书销售中心　电话：（010）65250042　65289539